电力安全典型工作票范例

输电专业

国网江苏省电力有限公司 组编

中国电力出版社
CHINA ELECTRIC POWER PRESS

图书在版编目（CIP）数据

电力安全典型工作票范例. 输电专业 / 国网江苏省
电力有限公司组编. -- 北京：中国电力出版社，2025. 6.
ISBN 978-7-5198-9869-4

Ⅰ. TM08

中国国家版本馆 CIP 数据核字第 2025F0W587 号

出版发行：中国电力出版社
地　　址：北京市东城区北京站西街 19 号（邮政编码 100005）
网　　址：http://www.cepp.sgcc.com.cn
责任编辑：薛　红
责任校对：黄　蓓　于　维
装帧设计：赵丽媛
责任印制：石　雷

印　　刷：三河市万龙印装有限公司
版　　次：2025 年 6 月第一版
印　　次：2025 年 6 月北京第一次印刷
开　　本：880 毫米×1230 毫米　16 开本
印　　张：9.75
字　　数：298 千字
定　　价：60.00 元

编 委 会

前　言

　　工作票制度是确保在电气设备上工作安全的组织措施之一，正确填用工作票是贯彻执行工作票制度的基本条件。为满足服务基层一线工作票填用需求，加强作业现场安全管理，提升《国家电网有限公司电力安全工作规程》执行针对性，确保作业现场安全，实现"三杜绝、三防范"安全目标，国网江苏省电力有限公司组织编制了《电力安全典型工作票范例》（简称《范例》），《范例》共分5个分册，分别为输电专业、变电专业、配电专业、配电带电作业专业、营销专业。

　　本册为输电专业，全书的编写严格遵循《国家电网有限公司电力安全工作规程》要求，内容包括输电综合检修、技改迁改工程、跨专业交叉作业、输电带电作业四个部分，共计28个具有广泛性和代表性的典型作业场景，其他相关工作可参考借鉴。典型工作票中所列的安全措施为"保证安全的技术措施"的基本要求，各单位在执行过程中可根据实际情况，在典型工作票的基础上对安全措施进行补充完善。

　　输电专业每个场景的典型工作票分为"作业场景情况"和"工作票样例"两个部分。"作业场景情况"部分主要用于说明工作任务、停电范围、票种选择、人员分工及安排、场景接线图等内容，通过具体化的场景，指导工作票填写。"工作票样例"部分包含具体化场景下的工作票样票和针对票面每一栏的填用说明及注意事项。

　　本书在编制过程中得到国网江苏省电力有限公司各相关单位的大力支持和各级领导的悉心指导，凝聚了各位参与编著人员的心血，希望本书对读者有所帮助，给予借鉴和启示。

　　因本书涉及内容广，加之编写时间有限，难免存在不妥或疏漏之处，恳请各位读者批评指正，以便进一步完善。

编　者

2024 年 11 月

目 录

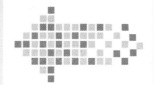

第1章 输电综合检修

1.1 500kV 任上 5237 线更换合成绝缘子

一、作业场景情况

（一）工作场景

本次工作为 500kV 任上 5237 线 520 号直线塔更换悬垂合成绝缘子、521 号耐张塔更换跳线合成绝缘子。

周边环境：工作地段位于农田内，无跨越铁路、公路、河流等影响施工的其他环境因素。

（二）工作任务

（1）悬垂合成绝缘子更换：更换 520 号直线塔悬垂合成绝缘子。

（2）跳线合成绝缘子更换：更换 521 号耐张塔跳线合成绝缘子。

（三）停电范围

500kV 任上 5237 线全线（蓝色）。

保留带电部位：500kV 任上 5237 线（蓝色）520～521 号跨越带电运行的 110kV 建平 8C35 线（红色）42～43 号。

（四）票种选择建议

电力线路第一种工作票。

（五）人员分工及安排

本次工作有 2 个作业地点。本张工作票设置专责监护人。参与本次工作的共 6 人（含工作负责人），具体分工为：

作业点 1（520 号直线塔）：

韩××（工作负责人）：依据《国家电网公司电力安全工作规程》（简称《安规》）履行工作负责人安全职责。

严×（专责监护人）：负责对徐××、王××验电、装拆接地线及塔上工作进行监护。

徐××、王××（塔上工作班成员）：塔上验电、装拆接地线及更换直线悬垂合成绝缘子。

丁××、常××（地面工作班成员）：地面辅助传递工器具和材料。

作业点 2（521 号转角塔）：

韩××（工作负责人）：依据《安规》履行工作负责人安全职责。

严×（专责监护人）：负责对徐××、王××验电、装拆接地线及塔上工作进行监护。

徐××、王××（塔上工作班成员）：塔上验电、装拆接地线及更换耐张塔跳线合成绝缘子。

丁××、常××（地面工作班成员）：地面辅助传递工器具和材料。

（六）场景接线图

500kV 任上 5237 线更换合成绝缘子场景接线图见图 1-1。

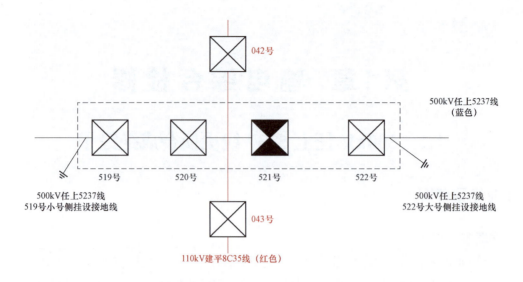

图例：⌐‾‾┐ 作业区域；⊥ 接地；▣ 铁塔（直线塔）；◈ 铁塔（耐张塔）；—— 架空线（带电）；
—— 架空线（停电）

图 1-1　500kV 任上 5237 线更换合成绝缘子场景接线图

二、工作票样例

<table>
<tr><td>

电力线路第一种工作票

单　位：<u>输电运检中心</u>　　停电申请单编号：<u>输电运检中心 202409003</u>

编　号：<u>Ⅰ 202409003</u>

1. 工作负责人（监护人）：<u>韩××</u>　　班　组：<u>运检三班</u>

2. 工作班人员（不包括工作负责人）

<u>运检三班：严××、徐××、王××、丁××、常××。</u>

　　　　　　　　　　　　　　　　　　　　　　共 <u>5</u> 人

3. 工作的线路或设备双重名称（多回路应注明双重称号、色标、位置）

<u>500kV 任上 5237 线全线（蓝色）。</u>

</td>
<td>

【票种选择】本次作业为输电线路停电检修工作，使用输电线路第一种工作票。

单位栏应填写工作负责人所在的单位名称；系统开票编号栏由系统自动生成；系统故障时，手工填写时应遵循：单位简称+××××（年份）××（月份）+×××。

1.【班组】对于包含工作负责人在内有两个及以上的班组人员共同进行的工作，应填写"综合班组"。

2.【工作班人员】人员应取得准入资质，安排的人员应进行承载力分析，确保人数适当、充足；如有特种作业应安排具备相应资质的特种作业人员。不同单位需分行填写。
【共×人】不包括工作负责人。

3.【工作的线路或设备双重名称】填写线路电压等级及名称、检修设备的名称和编号，需覆盖全面，不得缺项。单回路不用标注位置、色标。如果单回工作线路现场存在邻近、平行、交叉跨越的线路，应填写线路色标。

4.【工作任务】不同地点的工作应分行填写；工作地点与工作内容一一对应。

</td></tr>
</table>

4. 工作任务

工作地点及设备双重名称	工作内容
500kV 任上 5237 线 520 号	更换三相直线悬垂合成绝缘子
500kV 任上 5237 线 521 号	更换三相跳线合成绝缘子

5. 计划工作时间

自 2024 年 09 月 01 日 07 时 00 分至 2024 年 09 月 01 日 18 时 00 分。

5.【计划工作时间】填写计划检修起始时间和结束时间,该时间应在调度批准的检修时间段内。

6. 安全措施(必要时可附页绘图说明,红色表示有电。)

6.1 应改为检修状态的线路间隔名称和应拉开的拉断路器(开关)、隔离开关(刀闸)、熔断器(保险)(包括分支线、用户线路和配合停电线路):

500kV 任上 5237 线全线转为检修状态。

6.【6.1 栏】若全线(主线和支线)停电,填写"××kV××线全线转为检修状态"即可,无需再区分主线和支线。

6.2 保留或邻近的带电线路、设备:

500kV 任上 5237 线(蓝色)520～521 号跨越带电运行的 110kV 建平 8C35 线(红色)42～43 号。

【6.2 栏】应填写双重称号和带电线路、设备的电压等级。没有填写"无"。

6.3 其他安全措施和注意事项:

(1)工作前,应认真核对作业线路双重名称、杆塔号、色标并确认无误后方可攀登。

(2)作业前作业人员应认真检查确保安全工器具良好,工作中应正确使用。高处作业、上下杆塔或转移作业位置时不得失去安全保护。

(3)工作地点下方按坠落半径装设围栏并在围栏入口处悬挂"在此工作!""从此进出!"标示牌。

(4)高处作业应一律使用工具袋,较大的工具应使用绳子拴在牢固的构件上。

(5)上下传递物品应使用绳索,不得上下抛掷。

(6)作业中应采取防止导线脱落时的后备保护措施。

(7)作业人员和工器具应与跨越的 110kV 带电线路保持不小于 3m 安全距离。

(8)作业人员在接触或接近导地线工作时,应使用个人保安线。

【6.3 栏】第 1 条为防误登杆塔,第 2 条为防高处坠落,第 3～6 条为防高空落物,第 7～8 条为防触电,第 9～11 条为注意事项。
结合现场实际添加相应的安全措施:
【防误登杆塔】若存在同杆架设多回线路中部分线路停电的工作,登杆塔至横担时,应再次核对停电线路的识别标记与双重称号,确实无误后方可进入停电线路侧横担。
【防触电】工作地段如有邻近(水平距离 50m 范围内)、平行(水平距离 50m 范围内)、交叉跨越及同杆架设线路,邻近或交叉其他电力线工作人体、导线、施工机具等与带电导线安全距离符合《安规》表 4 规定。多日工作时,应补充"多日工作,次日恢复工作前应派专人检查接地线完好并经许可后方可工作"。
【防物体打击】若在城区、人口密集区地段或交通道口和通行道路上施工时,工作场所周围应装设遮栏(围栏),并在相应部位装设标示牌。必要时,派专人看管。

（9）在 5 级及以上的大风以及暴雨、雷电、冰雹、大雾、沙尘暴等恶劣天气下，应停止露天高处作业。

（10）应用软梯等工具上下，工作中不得踩踏合成绝缘子。

（11）严格按照已批准的作业方案执行。

6.4　应挂的接地线，共 2 组。

挂设位置（线路名称及杆号）	接地线编号	挂设时间	拆除时间
500kV 任上 5237 线 519 号塔小号侧	××500kV-01 号	2024 年 09 月 01 日 08 时 02 分	2024 年 09 月 01 日 16 时 04 分
500kV 任上 5237 线 522 号塔大号侧	××500kV-02 号	2024 年 09 月 01 日 08 时 16 分	2024 年 09 月 01 日 15 时 58 分

工作票签发人签名：姜×× 　签发时间：2024 年 08 月 31 日 09 时 39 分

工作票会签人签名：耿×× 　会签时间：2024 年 08 月 31 日 09 时 59 分

工作负责人签名：韩×× 　2024 年 08 月 31 日 10 时 34 分收到工作票

7. 确认本工作票 1～6 项，许可工作开始

许可方式	许可人	工作负责人签名	许可开始工作时间
当面通知	王××	韩××	2024 年 09 月 01 日 07 时 37 分

8. 现场交底，工作班成员确认工作负责人布置的工作任务、人员分工、安全措施和注意事项并签名：

严×、徐××、王××、丁××、常××、张××

9. 工作负责人变动情况

原工作负责人_____离去，变更_____为工作负责人。

工作票签发人：_____　签发时间：____年__月__日__时__分

【6.4 栏】
（1）接地线编号、挂设时间、拆除时间应手工填写在工作负责人所持工作票上。挂设时间在许可时间后，拆除时间在终结时间前。接地线编号中"××"为单位简称。接地线编号应写明电压等级，具体编号不重号即可。
（2）第一种工作票签发和收到时间应为工作前一天（紧急抢修、消缺除外）。运维人员收到工作票后，对工作票审核无误后，填写收票时间并签名。
（3）承发包工程中，工作票应实行"双签发"形式。签发工作票时，双方工作票签发人在工作票上分别签名，各自承担《安规》工作票签发人相应的安全责任。

7.【许可工作开始】许可方式：当面通知、电话下达、派人送达。许可开始工作时间不应早于计划工作开始时间。

8.【现场交底签名】所有工作班成员在明确了工作负责人、专责监护人交待的工作任务、人员分工、安全措施和注意事项后，在工作负责人所持工作票上签名，不得代签。

9.【工作负责人变动情况】经工作票签发人同意，在工作票上填写离去和变更的工作负责人姓名及变动时间，同时通知全体作业人员及工作许可人；如工作票签发人无法当面办理，应通过电话通知工作许可人，由工作许可人和原工作负责人在各自所持工作票上填写工作负责人变动情况，并代工作票签发人签名。
工作负责人的变动必须是在该工作票许可之后，如在工作票许可之前需变更工作负责人，则应由工作票签发人重新签发工作票。

10.【工作人员变动情况】经工作负责人同意，工作人员方可新增或离开。新增人员应在工作负责

10. 工作人员变动情况（变动人员姓名、变动日期及时间）

　　2024 年 09 月 01 日 09 时 30 分，常××离去。工作负责人：韩××

　　2024 年 09 月 01 日 10 时 00 分，张××加入。工作负责人：韩××

　　　　　　　　　　　　　　　　工作负责人签名：韩××

11. 工作票延期

有效期延长到＿＿＿年＿月＿日＿时＿分。

工作负责人签名：＿＿＿＿　签名时间：＿＿＿年＿月＿日＿时＿分

工作许可人签名：＿＿＿＿　签名时间：＿＿＿年＿月＿日＿时＿分

12. 每日开工和收工时间（使用一天的工作票不必填写）

收工时间	工作负责人	工作许可人	开工时间	工作许可人	工作负责人

13. 工作票终结

13.1　现场所挂的接地线编号 ××500kV-01 号、××500kV-02 号 共 2 组，已全部拆除、带回。

13.2　工作终结报告。

终结报告的方式	许可人	工作负责人	收工时间
当面报告	王××	韩××	2024 年 09 月 01 日 17 时 08 分

14. 备注

（1）指定专责监护人严××负责监护徐××、王××在 500kV 任上 5237 线 519 号塔、522 号塔验电、挂拆接地，在 520 号塔、521 号塔更换绝缘子。（人员、地点及具体工作。）

（2）其他事项：

　　无。

人所持工作票第8栏签名确认后方可参加工作。本处由工作负责人负责填写。班组人员每次发生变动，工作负责人都要签字。人员变动情况填写格式：××××年××月××日××时××分，××、××加入（离去）

11.【工作票延期】工作需延期，应在工作计划结束时间前由工作负责人向工作许可人提出申请，办理延期手续。对于需经调度许可的工作，工作许可人还应得到调度许可后，方可与工作负责人办理工作票延期手续。工作票只能延期一次。

12.【每日开工和收工时间】工作负责人和工作许可人分别签名确认每日开工和收工时间。

13.【13.1 栏】工作负责人应将现场所拆的接地线编号和数量填写齐全，并现场清点，不得遗漏。

【13.2 栏】工作终结后，工作负责人应及时报告工作许可人。报告方法有当面报告和电话报告。报告结束后填写报告方式、时间，工作负责人、许可人签名（电话报告时代签）。

14.【备注】

（1）此处应明确被监护的人员、地点及具体工作内容。验电、挂拆接地工作要指定专责监护人并在备注栏填写。使用吊车的作业应在工作票备注栏指定吊车指挥。邻近带电线路等特殊环境使用吊车的应设专人监护，并在工作票备注栏指定专责监护人。

（2）专职监护人不得参加工作，如此监护人需监护其他作业，必须写明之前的监护工作已经结束，同时再次明确新的监护工作、地点和被监护人。

（3）涉及多小组工作，应在此处填写说明。如：本工作涉及×个工作小组，有×份小组任务单。工作过程中如任务单数量发生变化应及时变更。如 20××年××月××日，小组任务单数量变更为×份。

（4）其他需要交代或需要记录的事项，若无其他需要交代或记录的事项，应填写"无"。

（5）对于工作开始前，票中预安排的工作班成员，如未能在开工时参与现场安全交底的，整体作业开工时，需在备注栏对相关情况说明，如"工作班成员×××作业开工时，未到场参与工作。"无需在工作票"工作人员变动情况"栏进行人员变动。相关预安排人员实际参与现场作业时，应在备注栏对相关情况说明，如"××××年××月××日××时××分，××、××已接受安全交底并签字，可参与现场工作"。

1.2　110kV 武越 7A32 线 23 号耐张线夹发热处理

一、作业场景情况

（一）工作场景

110kV 武越 7A32 线 23 号大号侧 A 相耐张线夹发热处理。

周边环境：工作地段位于农田内，无跨越铁路、公路、河流等影响施工的其他环境因素。

（二）工作任务

110kV 武越 7A32 线 23 号大号侧 A 相耐张线夹打开、打磨线夹接触面，均匀涂抹导电脂后螺栓紧固。

（三）停电范围

110kV 武越 7A32 线全线。

保留带电部位：

（1）110kV 武越 7A32 线（右线，黄色）同杆架设的 110kV 武越 7A31 线（左线，白色）带电运行。

（2）110kV 武越 7A32 线 22~23 号跨越带电运行的 35kV 朱七 327 线（红色）11~12 号。

（四）票种选择建议

电力线路第一种工作票。

（五）人员分工及安排

本次工作作业点（23 号塔），参与本次工作的共 5 人（含工作负责人），具体分工为：

韩××（工作负责人）：依据《安规》履行工作负责人安全职责。

严×（专责监护人）：负责对徐××、傅××验电、装拆接地线及塔上工作进行监护。

徐××、傅××（塔上工作班成员）：塔上验电、装拆接地线及处理耐张线夹发热。

丁××、常××（地面工作班成员）：地面辅助传递工器具和材料。

（六）场景接线图

110kV 武越 7A32 线 23 号耐张线夹发热处理场景接线图见图 1-2。

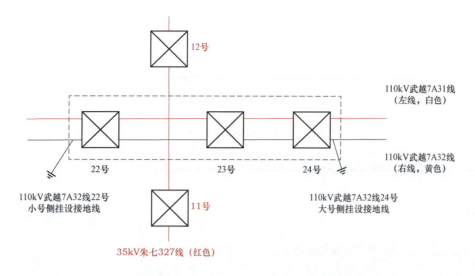

图例：┌┄┄┐ 作业区域；　⏚ 接地；　☒ 铁塔（直线塔）；　—— 架空线（带电）；　—— 架空线（停电）

图 1-2　110kV 武越 7A32 线 23 号耐张线夹发热处理现场接线图

二、工作票样例

<table>
<tr><td>

电力线路第一种工作票

单　位：输电运检中心　　停电申请单编号：输电工区 202409001

编　号：Ⅰ202409001

1. 工作负责人（监护人）：韩××　　班　组：运检三班

2. 工作班人员（不包括工作负责人）

运检三班：严×、徐××、傅××、丁××、常××。

共 5 人

3. 工作的线路或设备双重名称（多回路应注明双重称号、色标、位置）

110kV 武越 7A32 线全线（右线，黄色）。

</td></tr>
</table>

【票种选择】本次作业为输电线路停电检修工作，使用输电线路第一种工作票。

单位栏应填写工作负责人所在的单位名称；系统开票编号栏由系统自动生成；系统故障时，手工填写时应遵循：单位简称+××××（年份）××（月份）+×××。

1.【班组】对于包含工作负责人在内有两个及以上的班组人员共同进行的工作，应填写"综合班组"。

2.【工作班人员】人员应取得准入资质，安排的人员应进行承载力分析，确保人数适当、充足；如有特种作业应安排具备相应资质的特种作业人员。不同单位需分行填写。

【共×人】不包括工作负责人。

3.【工作的线路或设备双重名称】填写线路电压等级及名称、检修设备的名称和编号，需覆盖全面，不得缺项。单回不用标注位置、色标。如果单回工作线路现场存在邻近、平行、交叉跨越的线路，应填写线路色标。

4. 工作任务

工作地点及设备双重名称	工作内容
110kV 武越 7A32 线 23 号	23 号 A 相大号侧耐张引流线夹发热处理、螺栓紧固

5. 计划工作时间

自 2024 年 09 月 14 日 07 时 00 分至 2024 年 09 月 14 日 18 时 00 分。

6. 安全措施（必要时可附页绘图说明，红色表示有电。）

6.1 应改为检修状态的线路间隔名称和应拉开的拉断路器（开关）、隔离开关（刀闸）、熔断器（保险）（包括分支线、用户线路和配合停电线路）：

110kV 武越 7A32 线全线转为检修状态。

6.2 保留或邻近的带电线路、设备：

（1）110kV 武越 7A32 线（右线，黄色）22～24 号同杆架设的 110kV 武越 7A31 线（左线，白色）22～24 号带电运行。

（2）110kV 武越 7A32 线 22～23 号跨越带电运行的 35kV 朱七 327 线（红色）11～12 号。

6.3 其他安全措施和注意事项：

（1）工作前应发给作业人员相应线路的识别标记（黄色）。

（2）作业人员登杆塔前应核对停电检修线路的识别标记和线路名称、杆号无误后，方可攀登。登杆塔至横担处时，应再次核对停电线路的识别标记与双重称号，确认无误后方可进入停电线路侧横担。

（3）作业前作业人员应认真检查确保安全工器具良好，工作中应正确使用。高处作业、上下杆塔或转移作业位置时不得失去安全保护。

（4）工作地点下方按坠落半径装设围栏并在围栏入口处悬挂"在此工作！""从此进出！"标示牌。

（5）高处作业应一律使用工具袋，较大的工具应使用绳子拴在牢固的构件上。

（6）上下传递物品使用绳索，不得上下抛掷。

（7）作业人员和工器具与同杆塔架设的 110kV 带电线路保持不小于 1.5m

4.【工作任务】不同地点的工作应分行填写；工作地点与工作内容一一对应。

5.【计划工作时间】填写计划检修起始时间和结束时间，该时间应在调度批准的检修时间段内。

6.【6.1 栏】若全线（主线和支线）停电，填写"××kV××线全线转为检修状态"即可，无需再区分主线和支线。

【6.2 栏】应填写双重称号和带电线路、设备的电压等级。没有填写"无"。

【6.3 栏】第 1～2 条为防误登杆塔，第 3 条为防高处坠落，第 4～6 条为防物体打击，第 7～8 条为防触电，第 9～10 条为注意事项。
结合现场实际添加相应的安全措施：
【防触电】工作地段如有邻近（水平距离 50m 范围内）、平行（水平距离 50m 范围内）、交叉跨越及同杆架设线路，邻近或交叉其他电力线工作人体、导线、施工机具等与带电导线安全距离符合表 4 规定。多日工作时，应补充"多日工作，次日恢复工作前应派专人检查接地线完好并经许可后方可工作"。
【防物体打击】若在城区、人口密集区地段或交通道口和通行道路上施工时，工作场所周围应装设遮栏（围栏），并在相应部位装设标示牌。必要时，派专人看管。

安全距离，与跨越的35kV带电线路保持不小于2.5m安全距离。

（8）作业人员在接触或接近导地线工作时，应使用个人保安线。

（9）在5级及以上的大风以及暴雨、雷电、冰雹、大雾、沙尘暴等恶劣天气下，应停止露天高处作业。

（10）严格按照已批准的作业方案执行。

6.4 应挂的接地线，共 2 组。

挂设位置（线路名称及杆号）	接地线编号	挂设时间	拆除时间
110kV武越7A32线22号塔小号侧	××110kV-01号	2024年09月14日09时02分	2024年09月14日11时04分
110kV武越7A32线24号塔大号侧	××110kV-02号	2024年09月14日09时56分	2024年09月14日11时58分

工作票签发人签名：姜××　　签发时间：2024年09月13日09时39分

工作票会签人签名：耿××　　会签时间：2024年09月13日09时59分

工作负责人签名：韩××　　2024年09月13日10时39分收到工作票

7. 确认本工作票1～6项，许可工作开始

许可方式	许可人	工作负责人签名	许可开始工作时间
当面通知	王××	韩××	2024年09月14日08时37分
			年 月 日 时 分
			年 月 日 时 分

8. 现场交底，工作班成员确认工作负责人布置的工作任务、人员分工、安全措施和注意事项并签名：

严×、徐××、傅××、丁××、常××、张××

9. 工作负责人变动情况

原工作负责人＿＿＿＿＿离去，变更＿＿＿＿＿为工作负责人。

工作票签发人：＿＿＿＿＿　　签发时间：＿＿＿＿年＿＿月＿＿日＿＿时＿＿分

【6.4栏】
（1）接地线编号、挂设时间、拆除时间应手工填写在工作负责人所持工作票上。挂设时间在许可时间后，拆除时间在终结时间前。接地线编号中"××"为单位简称。接地线编号应写明电压等级，具体编号不重号即可。
（2）第一种工作票签发和收到时间应为工作前一天（紧急抢修、消缺除外）。运维人员收到工作票后，对工作票审核无误后，填写收票时间并签名。
（3）承发包工程中，工作票应实行"双签发"形式。签发工作票时，双方工作票签发人在工作票上分别签名，各自承担《安规》工作票签发人相应的安全责任。

7.【许可工作开始】许可方式：当面通知、电话下达、派人送达。许可开始工作时间不应早于计划工作开始时间。

8.【现场交底签名】所有工作班成员在明确了工作负责人、专责监护人交待的工作任务、人员分工、安全措施和注意事项后，在工作负责人所持工作票上签名，不得代签。

9.【工作负责人变动情况】经工作票签发人同意，在工作票上填写离去和变更的工作负责人姓名及变动时间，同时通知全体作业人员及工作许可人；如工作票签发人无法当面办理，应通过电话通知工作许可人，由工作许可人和原工作负责人在各自所持工作票上填写工作负责人变更情况，并代工作票签发人签名。
工作负责人的变动必须是在该工作票许可之后，如在工作票许可之前需变更工作负责人，则应由工作票签发人重新签发工作票。

10. 工作人员变动情况（变动人员姓名、变动日期及时间）

2024 年 09 月 14 日 09 时 40 分，常××离去，张××加入。工作负责人：韩××

　　　　　　　　　　　　　　　　工作负责人签名：韩××

11. 工作票延期

有效期延长到_____年___月___日___时___分。

工作负责人签名：_____　签名时间：_____年___月___日___时___分

工作许可人签名：_____　签名时间：_____年___月___日___时___分

12. 每日开工和收工时间（使用一天的工作票不必填写）

收工时间	工作负责人	工作许可人	开工时间	工作许可人	工作负责人

13. 工作票终结

13.1 现场所挂的接地线编号××110kV-01号、××110kV-02号共 _2_ 组，已全部拆除、带回。

13.2 工作终结报告。

终结报告的方式	许可人	工作负责人	收工时间
当面报告	王××	韩××	2024 年 09 月 14 日 12 时 48 分

14. 备注

（1）指定专责监护人严×负责监护徐××，傅××在 110kV 武越 7A32 线 22 号塔、24 号塔验电、挂拆接地，在 23 号塔处理耐张线夹发热工作。（人员、地点及具体工作。）

（2）其他事项：

无。

右侧注释：

10.【工作人员变动情况】经工作负责人同意，工作人员方可新增或离开。新增人员应在工作负责人所持工作票第8栏签名确认后方可参加工作。本处由工作负责人负责填写。班组人员每次发生变动，工作负责人都要签字。人员变动情况填写格式：××××年××月××日××时××分，××、××加入（离去）。

11.【工作票延期】工作需延期，应在工作计划结束时间前由工作负责人向工作许可人提出申请，办理延期手续。对于需经调度许可的工作，工作许可人还应得到调度许可后，方可与工作负责人办理工作票延期手续。工作票只能延期一次。

12.【每日开工和收工时间】工作负责人和工作许可人分别签名确认每日开工和收工时间。

13.【13.1 栏】工作负责人应将现场所拆的接地线编号和数量填写齐全，并现场清点，不得遗漏。
【13.2 栏】工作终结后，工作负责人应及时报告工作许可人。报告方法有当面报告和电话报告。报告结束后填写报告方式、时间，工作负责人、许可人签名（电话报告时代签）。

14.【备注】
（1）此处应写明被监护的人员、地点及具体工作内容。验电、挂拆接地工作要指定专责监护人并在备注栏填写。使用吊车的作业应在工作票备注栏指定吊车指挥。邻近带电线路等特殊环境使用吊车的应设专人监护，并在工作票备注栏指定专责监护人。
（2）专职监护人不得参加工作，如此监护人需监护其他作业，必须写明之前的监护工作已经结束，同时再次明确新的监护工作、地点和被监护人。
（3）涉及多小组工作，应在此处填写说明。如：本工作涉及×个工作小组，有×份小组任务单。工作过程中如任务单数量发生变化应及时变更。如 20××年××月××日，小组任务单数量变更为×份。
（4）其他需要交代或需要记录的事项，若无其他需要交代或记录的事项，应填写"无"。
（5）对于工作开始前，票中预安排的工作班成员，如未能在开工时参与现场安全交底的，整体作业开工时，需在备注栏对相关情况说明，如"工作班成员×××作业开工时，未到场参与工作。"无需在工作票"工作人员变动情况"栏进行人员变动。相关预安排人员实际参与现场作业时，应在备注栏对相关情况说明，如"××××年××月××日××时××分，××、××已接受安全交底并签字，可参与现场工作"。

1.3　220kV 淮水 2W98 线 004 号大号侧 A 相导线修补

一、作业场景情况

（一）工作场景

220kV 淮水 2W98 线 004 号大号侧 A 相导线修补。

周边环境：工作地段位于农田内，无跨越铁路、公路、河流等影响施工的其他环境因素。

（二）工作任务

220kV 淮水 2W98 线 004 号大号侧 A 相导线缠绕护线条进行修补。

（三）停电范围

220kV 淮水 2W98 线全线。

保留带电部位：

220kV 淮水 2W98 线（右线，黄色）003～005 号同杆架设的 220kV 淮水 2W97 线（左线，白色）003～005 号带电运行。

220kV 淮水 2W98 线 003～005 号邻近带电运行的 220kV 清水 4675 线（蓝色）010～012 号。

（四）票种选择建议

电力线路第一种工作票。

（五）人员分工及安排

本次工作作业点（004 号塔），参与本次工作的共 6 人（含工作负责人），具体分工为：

韩××（工作负责人）：依据《安规》履行工作负责人安全职责。

严×（专责监护人）：负责对徐××、傅××验电、装拆接地线及修补导线进行监护。

徐××、傅××（塔上工作班成员）：塔上验电、装拆接地线及进行导线修补。

丁××、常××（地面工作班成员）：地面辅助传递工器具和材料。

（六）场景接线图

220kV 淮水 2W98 线 004 号大号侧 A 相导线修补场景接线图见图 1-3。

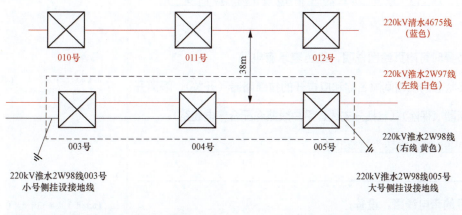

图 1-3　220kV 淮水 2W98 线 004 号大号侧 A 相导线修补场景接线图

二、工作票样例

电力线路第一种工作票

单　　位：输电运检中心　　停电申请单编号：输电工区 202410001

编　　号：Ⅰ202410001

1. 工作负责人（监护人）： 韩×× 　　**班　组：** 运检三班

2. 工作班人员（不包括工作负责人）

运检三班：严×、徐××、傅××、丁××、常××。

共 5 人

3. 工作的线路或设备双重名称（多回路应注明双重称号、色标、位置）

220kV 淮水 2W98 线全线（右线，黄色）。

4. 工作任务

工作地点及设备双重名称	工作内容
220kV 淮水 2W98 线 004 号	004 号 A 相大号侧导线修补

5. 计划工作时间

自 2024 年 10 月 14 日 07 时 00 分至 2024 年 10 月 14 日 18 时 00 分。

6. 安全措施（必要时可附页绘图说明，红色表示有电。）

6.1 应改为检修状态的线路间隔名称和应拉开的拉断路器（开关）、隔离开关（刀闸）、熔断器（保险）（包括分支线、用户线路和配合停电线路）：

220kV 淮水 2W98 线全线转为检修状态。

6.2 保留或邻近的带电线路、设备：

（1）220kV 淮水 2W98 线（右线，黄色）003 ～ 005 号同杆架设的

右侧注释：

【票种选择】本次作业为输电线路停电检修工作，使用输电线路第一种工作票。单位栏应填写工作负责人所在的单位名称；系统开票编号栏由系统自动生成；系统故障时，手工填写时应遵循：单位简称+××××（年份）××（月份）+×××。

1.【班组】对于包含工作负责人在内有两个及以上的班组人员共同进行的工作，应填写"综合班组"。

2.【工作班人员】人员应取得准入资质，安排的人员应进行承载力分析，确保人数适当、充足；如有特种作业应安排具备相应资质的特种作业人员。不同单位需分行填写。【共×人】不包括工作负责人。

3.【工作的线路或设备双重名称】填写线路电压等级及名称、检修设备的名称和编号，应覆盖全面，不得缺项。单回路不用标注位置、色标。如果单回工作线路现场存在邻近、平行、交叉跨越的线路，应填写线路色标。

4.【工作任务】不同地点的工作应分行填写；工作地点与工作内容一一对应。

5.【计划工作时间】填写计划检修起始时间和结束时间，该时间应在调度批准的检修时间段内。

6.【6.1 栏】若全线（主线和支线）停电，填写"××kV××全线转为检修状态"即可，无需再区分主线和支线。

【6.2 栏】应填写双重称号和带电线路、设备的电压等级。没有填写"无"。

220kV 淮水 2W97 线（左线，白色）003～005 号带电运行。

（2）220kV 淮水 2W98 线 003～005 号邻近的 220kV 清水 4675 线（蓝色）010～012 号带电运行。

6.3　其他安全措施和注意事项：

（1）工作前应发给作业人员相应线路的识别标记（黄色）。

（2）作业人员登杆塔前应核对停电检修线路的识别标记和线路名称、杆号无误后，方可攀登。登杆塔至横担处时，应再次核对停电线路的识别标记与双重称号，确认无误后方可进入停电线路侧横担。

（3）作业前作业人员应认真检查确保安全工器具良好，工作中应正确使用。高处作业、上下杆塔或转移作业位置时不得失去安全保护。

（4）工作地点下方按坠落半径装设围栏并在围栏入口处悬挂"在此工作！""从此进出！"标示牌。

（5）高处作业应一律使用工具袋，较大的工具应使用绳子拴在牢固的构件上。

（6）上下传递物品使用绳索，不得上下抛掷。

（7）作业人员和工器具与同杆塔架设的 220kV 带电线路保持不小于 3m 安全距离，与邻近的 220kV 带电线路保持不小于 4m 安全距离。

（8）作业人员在接触或接近导地线工作时，应使用个人保安线。

（9）在 5 级及以上的大风以及暴雨、雷电、冰雹、大雾、沙尘暴等恶劣天气下，应停止露天高处作业。

（10）严格按照已批准的作业方案执行。

6.4　应挂的接地线，共 2 组。

挂设位置（线路名称及杆号）	接地线编号	挂设时间	拆除时间
220kV 淮水 2W98 线 003 号塔小号侧	××220kV-01 号	2024 年 10 月 14 日 09 时 02 分	2024 年 10 月 14 日 15 时 04 分
220kV 淮水 2W98 线 005 号塔大号侧	××220kV-02 号	2024 年 10 月 14 日 09 时 56 分	2024 年 10 月 14 日 15 时 58 分

工作票签发人签名： 姜×× 　　签发时间：2024 年 10 月 13 日 09 时 39 分

工作票会签人签名： 耿×× 　　会签时间：2024 年 10 月 13 日 09 时 52 分

【6.3 栏】第 1～2 条为防误登杆塔，第 3 条为防高处坠落，第 4～6 条为防物体打击，第 7～8 条为防触电，第 9～10 条为注意事项。

结合现场实际添加相应的安全措施：

【防触电】工作地段如有邻近（水平距离 50m 范围内）、平行（水平距离 50m 范围内）、交叉跨越及同杆架设线路，邻近或交叉其他电力线工作人体、导线、施工机具等与带电导线安全距离符合《安规》表 4 规定。多日工作时，应补充"多日工作，次日恢复工作前应派专人检查接地线完好并经许可后方可工作"。

【防物体打击】若在城区、人口密集区地段或交通道口和通行道路上施工时，工作场所周围应装设遮栏（围栏），并在相应部位装设标示牌。必要时，派专人看管。

【6.4 栏】

（1）接地线编号、挂设时间、拆除时间应手工填写在工作负责人所持工作票上。挂设时间在许可时间后，拆除时间在终结时间前。接地线编号中"××"为单位简称。接地线编号应写明电压等级，具体编号不重号即可。

（2）第一种工作票签发和收到时间应为工作前一天（紧急抢修、消缺除外）。运维人员收到工作票后，对工作票审核无误后，填写收票时间并签名。

（3）承发包工程中，工作票应实行"双签发"形式。签发工作票时，双方工作票签发人在工作票上分别签名，各自承担《安规》工作票签发人相应的安全责任。

工作负责人签名：<u>韩××</u>　　　<u>2024</u> 年 <u>10</u> 月 <u>13</u> 日 <u>12</u> 时 <u>39</u> 分收到工作票

7. 确认本工作票 1～6 项，许可工作开始

许可方式	许可人	工作负责人签名	许可开始工作时间
当面通知	王××	韩××	2024 年 10 月 14 日 08 时 37 分
			年　月　日　时　分
			年　月　日　时　分

8. 现场交底，工作班成员确认工作负责人布置的工作任务、人员分工、安全措施和注意事项并签名：

　　<u>严×、徐××，傅××、丁××、常××、张××</u>

9. 工作负责人变动情况

　　原工作负责人_____离去，变更_____为工作负责人。

工作票签发人：_____　　**签发时间：**_____年___月___日___时___分

10. 工作人员变动情况（变动人员姓名、变动日期及时间）

　　<u>2024</u> 年 <u>10</u> 月 <u>14</u> 日 <u>10</u> 时 <u>40</u> 分，<u>常××离去，张××加入。工作负责</u>
<u>人：韩××</u>

　　　　　　　　　　　　　　　　　工作负责人签名：<u>韩××</u>

11. 工作票延期

　　有效期延长到_____年___月___日___时___分。

工作负责人签名：_____　　**签名时间：**_____年___月___日___时___分

工作许可人签名：_____　　**签名时间：**_____年___月___日___时___分

7.【许可工作开始】许可方式：当面通知、电话下达、派人送达。许可开始工作时间不应早于计划工作开始时间。

8.【现场交底签名】所有工作班成员在明确了工作负责人、专责监护人交待的工作任务、人员分工、安全措施和注意事项后，在工作负责人所持工作票上签名，不得代签。

9.【工作负责人变动情况】经工作票签发人同意，在工作票上填写离去和变更的工作负责人姓名及变动时间，同时通知全体作业人员及工作许可人；如工作票签发人无法当面办理，应通过电话通知工作许可人，由工作许可人和原工作负责人在各自所持工作票上填写工作负责人变更情况，并代工作票签发人签名。
工作负责人的变动必须是在该工作票许可之后，如在工作票许可之前需变更工作负责人，则应由工作票签发人重新签发工作票。

10.【工作人员变动情况】经工作负责人同意，工作人员方可新增或离开。新增人员应在工作负责人所持工作票第8栏签名确认后方可参加工作。本处由工作负责人填写。班组人员每次发生变动，工作负责人都要签字。人员变动情况填写格式：××××年××月××日××时××分，××、××加入（离去）。

11.【工作票延期】工作需延期，应在工作计划结束时间前由工作负责人向工作许可人提出申请，办理延期手续。对于需经调度许可的工作，工作许可人还应得到调度许可后，方可与工作负责人办理工作票延期手续。工作票只能延期一次。

12. 每日开工和收工时间（使用一天的工作票不必填写）

收工时间	工作负责人	工作许可人	开工时间	工作许可人	工作负责人

13. 工作票终结

13.1 现场所挂的接地线编号 ××220kV-01 号、××220kV-02 号 共 2 组，已全部拆除、带回。

13.2 工作终结报告。

终结报告的方式	许可人	工作负责人	收工时间
当面报告	王××	韩××	2024 年 10 月 14 日 16 时 18 分

14. 备注

（1）指定专责监护人严××负责监护徐××、傅××在 220kV 淮水 2W98 线 003 号塔、005 号塔验电、挂拆接地，在 004 号塔修补导线。（人员、地点及具体工作。）

（2）其他事项：

无。
_____

_____

以下为右侧批注栏内容：

12.【每日开工和收工时间】工作负责人和工作许可人分别签名确认每日开工和收工时间。

13.【13.1 栏】工作负责人应将现场所拆的接地线编号和数量填写齐全，并现场清点，不得遗漏。
【13.2 栏】工作终结后，工作负责人应及时报告工作许可人。报告方法有当面报告和电话报告。报告结束后填写报告方式、时间，工作负责人、许可人签名（电话报告时代签）。

14.【备注】
（1）此处应写明确被监护的人员、地点及具体工作内容。验电、挂拆接地工作要指定专责监护人并在备注栏填写。使用吊车的作业应在工作票备注栏指定吊车指挥。邻近带电线路等特殊环境使用吊车的应设专人监护，并在工作票备注栏指定专责监护人。
（2）专职监护人不得参加工作，如此监护人需监护其他作业，必须写明之前的监护工作已经结束，同时再次明确新的监护工作、地点和被监护人。
（3）涉及多小组工作，应在此处填写说明。如：本工作涉及×个工作小组，有×份小组任务单。工作过程中如任务单数量发生变化应及时变更。如 20××年××月××日，小组任务单数量变更为×份。
（4）其他需要交代或需要记录的事项，若无其他需要交代或记录的事项，应填写"无"。
（5）对于工作开始前，票中预安排的工作班成员，如未能在开工时参与现场安全交底的，整体作业开工时，需在备注栏对相关情况说明，如"工作班成员×××作业开工时，未到场参与工作。"无需在工作票"工作人员变动情况"栏进行人员变动。相关预安排人员实际参与现场作业时，应在备注栏对相关情况说明，如"××××年××月××日××时××分，××、××已接受安全交底并签字，可参与现场工作"。

1.4　500kV 架空线路 OPGW 光缆接续盒检修

一、作业场景情况

（一）工作场景

本次工作为 OPGW 光缆接续盒检修，500kV 天洋 5622 线带电运行，工作区域 500kV 天洋 5622 线 011 号塔附近无邻近、平行及交叉跨越线路。

周边环境：工作地段位于农田内，无跨越铁路、公路、河流等影响施工的其他环境因素。

（二）工作任务

OPGW 光缆接续盒检修：将 500kV 天洋 5622 线 36 芯 OPGW 光缆在距离天目湖变 25km 处 011 号塔光缆接头盒打开检查，重新熔接光纤，并进行全程纤芯衰耗测试。

（三）停电范围

无。

保留带电部位：500kV 天洋 5622 线带电运行。

（四）票种选择建议

电力线路第二种工作票。

（五）人员分工及安排

参与本次工作的共 5 人（含工作负责人），具体分工为：

于××（工作负责人）：依据《安规》履行工作负责人安全职责。

邓×（专责监护人）：邓×负责监护李××、杨××在 500kV 天洋 5622 线 011 号塔登高、OPGW 光缆接续盒消缺、光纤熔接等作业。

李××、杨××、沈××（工作班成员）：登高作业、OPGW 光缆接续盒消缺作业、光纤熔接作业和地面辅助。

（六）场景接线图

500kV 架空线路 OPGW 光缆接续盒检修场景接线图见图 1-4。

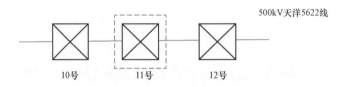

图例：▭▭▭ 作业区域；⊠ 铁塔（直线塔）；—— 架空线（带电）

图 1-4　500kV 架空线路 OPGW 光缆接续盒检修场景接线图

二、工作票样例

电力线路第二种工作票

单　位：××建设有限公司　　编　号：Ⅱ202405001

1. 工作负责人（监护人）： 于××　　**班　组：** ××建设有限公司施工一班

2. 工作班人员（不包括工作负责人）

××建设有限公司施工一班：邓×、李××、杨××、沈××。

共 _4_ 人

3. 工作任务

线路或设备名称	工作地点、范围	工作内容
500kV 天洋 5622 线	011 号塔	光缆接续盒消缺及光缆熔接

4. 计划工作时间

自 2024 年 05 月 12 日 08 时 30 分至 2024 年 05 月 12 日 17 时 30 分。

5. 注意事项（安全措施）

（1）工作负责人应向工作班成员交底作业工作中的通信网运行风险、人身风险，并核对 OPGW 光缆接续盒施工位置、作业内容和注意事项。工作前，作业人员应认真核对作业线路双重名称、杆塔号、色标并确认无误后方可攀登。

（2）现场未经输电运检设备主人许可，作业人员不得开工。

（3）作业前作业人员应认真检查确保安全工器具良好，工作中应正确使用。高处作业、上下杆塔或转移作业位置时不得失去安全保护。

（4）工作地点下方按坠落半径装设围栏并在围栏入口处悬挂"在此工作！""从此进出！"标示牌。

（5）高处作业应一律使用工具袋，较大的工具应使用绳子拴在牢固的构件上。

（6）上下传递物品使用绝缘无极绳索，不得上下抛掷。

（7）在带电杆塔上工作，作业人员活动范围及其所携带的工具、材料等与 500kV 带电导线需保持不小于 5.0m 的安全距离。

（8）在 5 级及以上的大风以及暴雨、雷电、冰雹、大雾、沙尘暴等恶劣天气下，应停止露天高处作业。

（9）高处作业应设专人监护。

（10）作业人员及机械不得误碰、开断、损伤运行光缆。

工作票签发人签名： 丁×× 　2024 年 05 月 11 日 10 时 00 分

工作票会签人签名： 杨× 　2024 年 05 月 11 日 10 时 30 分

工作负责人签名： 于×× 　2024 年 05 月 11 日 11 时 40 分

6. 现场交底，工作班成员确认工作负责人布置的工作任务、人员分工、安全措施和注意事项并签名：

3.【工作任务】不同地点的工作应分行填写；工作地点与工作内容一一对应。

4.【计划工作时间】填写计划检修起始时间和结束时间。

5.【注意事项】第 1 条为防误登杆塔，第 2 条为"线路不检修、仅光缆检修时"，通信专业落实工作负责人，征得输电设备主人同意后方可作业，第 3 条为防高处坠落，第 4～6 条为防高空落物，第 7 条为防触电，第 8～10 条为注意事项。
结合现场实际，添加相应的安全措施。
【防触电】若需使用绝缘操作杆，使用前应用绝缘检测仪对操作杆进行分段绝缘检测，阻值不应低于 700MΩ，操作绝缘工具时应戴清洁、干燥的手套。
（1）工作票应提前交给工作负责人。
（2）承发包工程中，工作票应实行"双签发"形式。签发工作票时，双方工作票签发人在工作票上分别签名，各自承担《安规》工作票签发人相应的安全责任。

6.【现场交底签名】所有工作班成员在明确了工作负责人、专责监护人交待的工作任务、人员分工、安全措施和注意事项后，在工作负责人所持工作票上签名，不得代签。

邓×、李××、杨××、沈××

7. 工作开始时间： 2024 年 05 月 12 日 10 时 30 分

工作负责人签名：于××

工作完工时间： 2024 年 05 月 12 日 12 时 30 分

工作负责人签名：于××

8. 工作负责人变动情况

原工作负责人＿＿＿＿＿＿＿离去，变更＿＿＿＿＿＿＿为工作负责人。

工作票签发人签名：＿＿＿＿＿＿＿＿＿　＿＿＿＿年＿＿月＿＿日＿＿时＿＿分

9. 工作人员变动情况（变动人员姓名、变动日期及时间）

＿＿＿＿＿＿＿＿＿＿＿＿＿＿＿＿＿＿＿＿＿＿＿＿＿＿＿＿＿＿＿＿＿＿＿

＿＿＿＿＿＿＿＿＿＿＿＿＿＿＿＿＿＿＿＿＿＿＿＿＿＿＿＿＿＿＿＿＿＿＿

工作负责人签名： ＿＿＿＿＿＿＿＿＿

10. 每日开工和收工时间（使用一天的工作票不必填写）

收工时间				工作负责人	开工时间				工作负责人
月	日	时	分		月	日	时	分	

11. 工作票延期

有效期延长到＿＿＿＿＿年＿＿月＿＿日＿＿时＿＿分。

12. 备注

（1）指定专责监护人邓××负责监护李××、杨××在 500kV 天洋 5622 线 011 号塔登高、OPGW 光缆接续盒消缺、光纤熔接。

（2）工作负责人于××于 2024 年 5 月 12 日 10 时 30 分接到许可人王××电话许可。

7.【开工、完工时间】按实际时间即时填写，工作负责人应手工签名，工作开始时间不得早于工作计划开始时间，工作完工时间不得晚于工作计划完工时间。

8.【工作负责人变动情况】经工作票签发人同意，在工作票上填写离去和变更的工作负责人姓名及变动时间，同时通知全体作业人员。

9.【工作人员变动情况】经工作负责人同意，工作人员方可新增或离开。新增人员应在工作负责人所持工作票第 8 栏签名确认后方可参加工作。本处由工作负责人负责填写。班组人员每次发生变动，工作负责人都要签字。人员变动情况填写格式：××××年××月××日××时××分，××、××加入（离去）。

10.【每日开工和收工时间】工作负责人签名确认每日开工和收工时间。

11.【工作票延期】办理延期手续应在有效时间尚未结束以前由工作负责人向工作票签发人提出申请，经同意后给予办理，第二种工作票只能延期一次。

12.【备注】

（1）此处应明确被监护的人员、地点及具体工作内容。

（2）专职监护人不得参加工作，如此监护人需监护其他作业，必须写明之前的监护工作已经结束，同时再次明确新的监护工作、地点和被监护人。

（3）涉及多小组工作，应在此处填写说明。如：本工作涉及×个工作小组，有×份小组任务单。工作过程中如任务单数量发生变化应及时变更。如 20××年××月××日，小组任务单数量变更为×份。

（4）其他需要交代或需要记录的事项，若无其他需要交代或记录的事项，应填写"无"。

（5）对于工作开始前，票中预安排的工作班成员，如未能在开工时参与现场安全交底的，整体作业开工时，需在备注栏对相关情况说明，如"工作班成员×××作业开工时，未到场参与工作"。无需在工作票"工作人员变动情况"栏进行人员变动。相关预安排人员实际参与现场作业时，应在备注栏对相关情况说明，如"××××年××月××日××时××分，××、××已接受安全交底并签字，可参与现场工作"。

1.5　220kV 杨上 4667 线塔身鸟窝清除

一、作业场景情况

（一）工作场景

220kV 杨上 4667 线 002 号、005 号、011 号塔塔身鸟窝清除。

周边环境：工作地段位于农田内，无跨越铁路、公路、河流等影响施工的其他环境因素。

（二）工作任务

220kV 杨上 4667 线 002 号、005 号、011 号塔塔身鸟窝清除。

（1）作业场地布置；

（2）人员登杆塔、挂设上下传递绳索；

（3）拆除鸟窝，通过工具袋、绳索传递；

（4）拆除上下传递绳索、人员下杆塔；

（5）作业场地清理。

（三）停电范围

无。

（四）票种选择建议

电力线路第二种工作票。

（五）人员分工及安排

本次工作有 3 个作业地点。参与本次工作的共 5 人（含工作负责人），具体分工为：

作业点 1（002 号塔）：

耿××（工作负责人）：依据《安规》履行工作负责人安全职责。

徐××（专责监护人）：负责对项××、王××拆除鸟窝进行监护。

项××、王××（塔上工作班成员）：清除塔身鸟窝。

李×（地面工作班成员）：地面辅助传递工器具和材料。

作业点 2（005 号塔）：

耿××（工作负责人）：依据《安规》履行工作负责人安全职责。

徐××（专责监护人）：负责对项××、王××拆除鸟窝进行监护。

项××、王××（塔上工作班成员）：清除塔身鸟窝。

李×（地面工作班成员）：地面辅助传递工器具和材料。

作业点 3（011 号塔）：

耿××（工作负责人）：依据《安规》履行工作负责人安全职责。

徐××（专责监护人）：负责对项××、王××拆除鸟窝进行监护。

项××、王××（塔上工作班成员）：清除塔身鸟窝。

李×（地面工作班成员）：地面辅助传递工器具和材料。

（六）场景接线图

220kV 杨上 4667 线塔身鸟窝清除场景接线图见图 1-5。

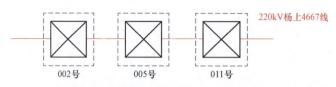

图例：▭ 作业区域；⊠ 铁塔（直线塔）；── 架空线（带电）

图 1-5　220kV 杨上 4667 线塔身鸟窝清除场景接线图

二、工作票样例

电力线路第二种工作票

单　位：输电运检中心　　编　号：Ⅱ202403001

1. 工作负责人（监护人）：耿××　　班　组：运检一班

2. 工作班人员（不包括工作负责人）

运检一班：徐××、项××、王××、李×。

共 4 人

3. 工作任务

线路或设备名称	工作地点、范围	工作内容
220kV 杨上 4667 线	002 号、005 号、011 号	塔身鸟窝清理

4. 计划工作时间

自 2024 年 03 月 10 日 08 时 30 分至 2024 年 03 月 10 日 18 时 30 分。

5. 注意事项（安全措施）

（1）工作前，应认真核对作业线路双重名称、杆塔号、色标并确认无误后方可攀登。

（2）作业前作业人员应认真检查确保安全工器具良好，工作中应正确使用。高处作业、上下杆塔或转移作业位置时不得失去安全保护。

【票种选择】本次作业为输电线路不停电检修工作，安全距离满足不小于《安规》附表 3 要求，使用输电线路第二种工作票。
单位栏应填写工作负责人所在的单位名称；系统开票编号栏由系统自动生成，系统故障时，手工填写时应遵循：单位简称+××××（年份）××（月份）+×××。

1.【班组】对于包含工作负责人在内有两个及以上的班组人员共同进行的工作，应填写"综合班组"。

2.【工作班人员】人员应取得准入资质，安排的人员应进行承载力分析，确保人数适当、充足；如有特种作业应安排具备相应资质的特种作业人员。不同单位需分行填写。
【共×人】不包括工作负责人。

3.【工作任务】不同地点的工作应分行填写；工作地点与工作内容一一对应。

4.【计划工作时间】填写计划检修起始时间和结束时间。

5.【注意事项】第 1 条为防误登杆塔，第 2 条为防高处坠落，第 3～5 条为防高空落物，第 6 条为防触电，第 7～9 条为注意事项；
结合现场实际，添加相应的安全措施。
【防触电】若需使用绝缘操作杆，使用前应用绝缘检测仪对操作杆进行分段绝缘检测，阻值不应低于 700MΩ，操作绝缘工具时应戴清洁、干燥的手套。
（1）工作票应提前交给工作负责人。
（2）承发包工程中，工作票应实行"双签发"形式。签发工作票时，双方工作票签发人在工作票上分别签名，各自承担《安规》工作票签发人相应的安全责任。

（3）工作地点下方按坠落半径装设围栏并在围栏入口处悬挂"在此工作！""从此进出！"标示牌。

（4）高处作业应一律使用工具袋，较大的工具应使用绳子拴在牢固的构件上。

（5）上下传递物品使用绝缘无极绳索，不得上下抛掷。

（6）在带电杆塔上工作，作业人员活动范围及其所携带的工具、材料等与 220kV 带电导线需保持不小于 3.0m 的安全距离。

（7）在 5 级及以上的大风以及暴雨、雷电、冰雹、大雾、沙尘暴等恶劣天气下，应停止露天高处作业。

（8）清除鸟窝应逐基进行并设专人监护。

（9）严格按照已批准的作业方案执行。

工作票签发人签名：<u>王××</u>　<u>2024</u> 年 <u>03</u> 月 <u>09</u> 日 <u>15</u> 时 <u>00</u> 分

工作票会签人签名：_____　____年__月__日__时__分

工作负责人签名：<u>耿××</u>　<u>2024</u> 年 <u>03</u> 月 <u>09</u> 日 <u>16</u> 时 <u>40</u> 分

6. 现场交底，工作班成员确认工作负责人布置的工作任务、人员分工、安全措施和注意事项并签名：

　　<u>徐××、项××、王××、李×、傅×</u>

7. 工作开始时间：<u>2024</u> 年 <u>03</u> 月 <u>10</u> 日 <u>09</u> 时 <u>30</u> 分

工作负责人签名：<u>耿××</u>

工作完工时间：<u>2024</u> 年 <u>03</u> 月 <u>10</u> 日 <u>15</u> 时 <u>00</u> 分

工作负责人签名：<u>耿××</u>

8. 工作负责人变动情况

　　原工作负责人_____离去，变更_____为工作负责人。

工作票签发人签名：_____　____年__月__日__时__分

9. 工作人员变动情况（变动人员姓名、变动日期及时间）

<u>2024</u> 年 <u>03</u> 月 <u>10</u> 日 <u>11</u> 时 <u>30</u> 分，李×离开。工作负责人：<u>耿××</u>

<u>2024</u> 年 <u>03</u> 月 <u>10</u> 日 <u>12</u> 时 <u>00</u> 分，傅×加入。工作负责人：<u>耿××</u>

工作负责人签名：<u>耿××</u>

6.【现场交底签名】所有工作班成员在明确了工作负责人、专责监护人交待的工作任务、人员分工、安全措施和注意事项后，在工作负责人所持工作票上签名，不得代签。

7.【开工、完工时间】按实际时间即时填写，工作负责人应手工签名，工作开始时间不得早于工作计划开始时间，工作完工时间不得晚于工作计划完工时间。

8.【工作负责人变动情况】经工作票签发人同意，在工作票上填写离去和变更的工作负责人姓名及变动时间，同时通知全体作业人员。

9.【工作人员变动情况】经工作负责人同意，工作人员方可新增或离开。新增人员应在工作负责人所持工作票第 8 栏签名确认后方可参加工作。本处由工作负责人负责填写。班组人员每次发生变动，工作负责人都要签字。人员变动情况填写格式：××××年××月××日××时××分，××、××加入（离去）。

10. 每日开工和收工时间（使用一天的工作票不必填写）

收工时间				工作负责人	开工时间				工作负责人
月	日	时	分		月	日	时	分	

11. 工作票延期

有效期延长到_____年___月___日___时___分。

12. 备注

指定专责监护人徐××负责监护项××、王××在 220kV 杨上 4667 线 002 号塔、005 号塔、011 号塔清除鸟窝。

10.【每日开工和收工时间】工作负责人签名确认每日开工和收工时间。

11.【工作票延期】办理延期手续应在有效时间尚未结束以前由工作负责人向工作票签发人提出申请，经同意后给予办理，第二种工作票只能延期一次。

12.【备注】

（1）清除鸟窝可设专责监护人，明确被监护的人员、地点及具体工作内容。

（2）专职监护人不得参加工作，如此监护人需监护其他作业，必须写明之前的监护工作已经结束，同时再次明确新的监护工作、地点和被监护人。

（3）涉及多小组工作，应在此处填写说明。如：本工作涉及×个工作小组，有×份小组任务单。工作过程中如任务单数量发生变化应及时变更。如 20××年××月××日，小组任务单数量变更为×份。

（4）其他需要交代或需要记录的事项，若无其他需要交代或记录的事项，应填写"无"。

（5）对于工作开始前，票中预安排的工作班成员，如未能在开工时参与现场安全交底的，整体作业开工时，需在备注栏对相关情况说明，如"工作班成员×××作业开工时，未到场参与工作。"无需在工作票"工作人员变动情况"栏进行人员变动。相关预安排人员实际参与现场作业时，应在备注栏对相关情况说明，如"××××年××月××日××时××分，××、××已接受安全交底并签字，可参与现场工作"。

1.6 220kV 关清 4938 线安装可视化装置

一、作业场景情况

（一）工作场景

220kV 关清 4938 线 022 号塔安装可视化装置。

周边环境：工作地段位于农田内，无跨越铁路、公路、河流等影响施工的其他环境因素。

（二）工作任务

220kV 关清 4938 线 022 号塔安装可视化装置。

（1）作业场地布置；

（2）人员登杆塔、挂设上下传递绳索；

（3）安装可视化装置，通过工具袋、绳索传递；

（4）拆除上下传递绳索、人员下杆塔；

（5）作业场地清理。

（三）停电范围

无。

（四）票种选择建议

电力线路第二种工作票。

（五）人员分工及安排

本次工作有1个作业地点（022号塔）。参与本次工作的共5人（含工作负责人），具体分工为：

耿××（工作负责人）：依据《安规》履行工作负责人安全职责。

徐××（专责监护人）：负责对项××进行监护。

项××（塔上工作班成员）：塔身安装可视化装置。

李×、王××（地面工作班成员）：地面辅助传递工器具和材料。

（六）场景接线图

220kV关清4938线安装可视化装置场景接线图见图1-6。

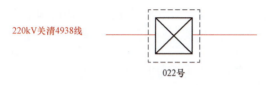

图例：▭ 作业区域；⊠ 铁塔（直线塔）；—— 架空线（带电）

图1-6　220kV关清4938线安装可视化装置场景接线图

二、工作票样例

电力线路第二种工作票

单　位：输电运检中心　　编　号：Ⅱ202402001

1. 工作负责人（监护人）：耿××　　班　组：运检一班

2. 工作班人员（不包括工作负责人）

运检一班：徐××、项××、王××、李×。

共 _4_ 人

3. 工作任务

线路或设备名称	工作地点、范围	工作内容
220kV关清4938线	022号	塔身安装可视化装置

4. 计划工作时间

自 2024 年 02 月 20 日 08 时 30 分至 2024 年 02 月 20 日 12 时 30 分。

【票种选择】本次作业为输电线路不停电检修工作，安全距离满足不小于《安规》附表3要求，使用输电线路第二种工作票。
单位栏应填写工作负责人所在的单位名称；系统开票编号栏由系统自动生成；系统故障时，手工填写时应遵循：单位简称+××××（年份）××（月份）+×××。

1.【班组】对于包含工作负责人在内有两个及以上的班组人员共同进行的工作，应填写"综合班组"。

2.【工作班人员】人员应取得准入资质，安排的人员应进行承载力分析，确保人数适当、充足；如有特种作业应安排具备相应资质的特种作业人员。不同单位需分行填写。
【共×人】不包括工作负责人。

3.【工作任务】不同地点的工作应分行填写；工作地点与工作内容一一对应。

4.【计划工作时间】填写计划检修起始时间和结束时间。

5. 注意事项（安全措施）

（1）工作前，应认真核对作业线路双重名称、杆塔号、色标并确认无误后方可攀登。

（2）作业前作业人员应认真检查确保安全工器具良好，工作中应正确使用。高处作业、上下杆塔或转移作业位置时不得失去安全保护。

（3）工作地点下方按坠落半径装设围栏并在围栏入口处悬挂"在此工作！""从此进出！"标示牌。

（4）高处作业应一律使用工具袋，较大的工具应使用绳子拴在牢固的构件上。

（5）上下传递物品使用绝缘无极绳索，不得上下抛掷。

（6）在带电杆塔上工作，作业人员活动范围及其所携带的工具、材料等与 220kV 带电导线需保持不小于 3.0m 的安全距离。

（7）在 5 级及以上的大风以及暴雨、雷电、冰雹、大雾、沙尘暴等恶劣天气下，应停止露天高处作业。

（8）安装可视化装置应设专人监护。

（9）严格按照已批准的作业方案执行。

工作票签发人签名：<u>王××</u>　<u>2024</u>年<u>02</u>月<u>19</u>日<u>15</u>时<u>30</u>分

工作票会签人签名：<u>　　　</u>　<u>　　</u>年<u>　</u>月<u>　</u>日<u>　</u>时<u>　</u>分

工作负责人签名：<u>耿××</u>　<u>2024</u>年<u>02</u>月<u>19</u>日<u>16</u>时<u>20</u>分

6. 现场交底，工作班成员确认工作负责人布置的工作任务、人员分工、安全措施和注意事项并签名：

<u>徐××、项××、王××、李×、张××</u>

7. 工作开始时间：<u>2024</u>年<u>02</u>月<u>20</u>日<u>09</u>时<u>20</u>分

工作负责人签名：<u>耿××</u>

工作完工时间：<u>2024</u>年<u>02</u>月<u>20</u>日<u>11</u>时<u>00</u>分

工作负责人签名：<u>耿××</u>

8. 工作负责人变动情况

原工作负责人<u>　　　　</u>离去，变更<u>　　　　</u>为工作负责人。

工作票签发人签名：<u>　　　　</u>　<u>　　</u>年<u>　</u>月<u>　</u>日<u>　</u>时<u>　</u>分

5.【注意事项】第 1 条为防误登杆塔，第 2 条为防高处坠落，第 3～5 条为防高空落物，第 6 条为防触电，第 7～9 条为注意事项。

结合现场实际，添加相应的安全措施。

（1）工作票应提前交给工作负责人。

（2）承发包工程中，工作票应实行"双签发"形式。签发工作票时，双方工作票签发人在工作票上分别签名，各自承担《安规》工作票签发人相应的安全责任。

6.【现场交底签名】所有工作班成员在明确了工作负责人、专责监护人交待的工作任务、人员分工、安全措施和注意事项后，在工作负责人所持工作票上签名，不得代签。

7.【开工、完工时间】按实际时间即时填写，工作负责人应手工签名，工作开始时间不得早于工作计划开始时间，工作完工时间不得晚于工作计划完工时间。

8.【工作负责人变动情况】经工作票签发人同意，在工作票上填写离去和变更的工作负责人姓名及变动时间，同时通知全体作业人员。

9. 工作人员变动情况（变动人员姓名、变动日期及时间）

<u>2024 年 02 月 20 日 10 时 00 分，王××离去，张××加入。工作负责</u>

<u>人：耿××</u>

工作负责人签名：<u>耿××</u>

10. 每日开工和收工时间（使用一天的工作票不必填写）

收工时间				工作负责人	开工时间				工作负责人
月	日	时	分		月	日	时	分	

11. 工作票延期

有效期延长到_____年___月___日___时___分。

12. 备注

<u>指定专责监护人徐××负责监护项××在 220kV 关清 4938 线 022 号塔</u>

<u>安装可视化装置。</u>

9.【工作人员变动情况】经工作负责人同意，工作人员方可新增或离开。新增人员应在工作负责人所持工作票第 8 栏签名确认后方可参加工作。此处由工作负责人负责填写。班组人员每次发生变动，工作负责人都要签字。人员变动情况填写格式：××××年××月××日××时××分，××、××加入（离去）。

10.【每日开工和收工时间】工作负责人签名确认每日开工和收工时间。

11.【工作票延期】办理延期手续应在有效时间尚未结束以前由工作负责人向工作票签发人提出申请，经同意后给予办理，第二种工作票只能延期一次。

12.【备注】

（1）安装可视化装置可设专责监护人，明确被监护的人员、地点及具体工作内容。

（2）专职监护人不得参加工作，如此监护人需监护其他作业，必须写明之前的监护工作已经结束，同时再次明确新的监护工作、地点和被监护人。

（3）涉及多小组工作，应在此处填写说明。如：本工作涉及×个工作小组，有×份小组任务单。工作过程中如任务单数量发生变化应及时变更。如 20××年××月××日，小组任务单数量变更为×份。

（4）其他需要交代或需要记录的事项，若无其他需要交代或记录的事项，应填写"无"。

（5）对于工作开始前，票中预安排的工作班成员，如未能在开工时参与现场安全交底的，整体作业开工时，需在备注栏对相关情况说明，如"工作班成员×××作业开工时，未到场参与工作。"无需在工作票"工作人员变动情况"栏进行人员变动。相关预安排人员实际参与现场作业时，应在备注栏对相关情况说明，如"××××年××月××日××时××分，××、××已接受安全交底并签字，可参与现场工作"。

1.7　220kV 变电站 110kV 出线电缆耐压试验

一、作业场景情况

（一）工作场景

本次工作为 110kV 新华 832 线变电站出线电缆耐压试验。

周边环境：工作地段位于郊区，无跨越铁路、公路、河流等影响施工的其他环境因素。

（二）工作任务

（1）拆搭电缆头：110kV 新华 832 线出线电缆两侧拆头、搭头。

（2）耐压试验：110kV 新华 832 线 01 号杆处进行电缆耐压试验。

（三）停电范围

110kV 新华 832 线（右线，红色）。

保留带电部位：

（1）220kV 新御变电站（以下简称新御变）：

1）110kV 正、副母线运行带电，8321 刀闸、8322 刀闸母线侧带电。

2）相邻新华 831 间隔、2 号主变压器 702 间隔运行带电。

（2）110kV 新华 832 线 01 号（右线，红色）同杆架设的 110kV 新华 831 线 01 号（左线，绿色）带电运行。

（四）票种选择建议

电力电缆第一种工作票。

（五）人员分工及安排

本次工作有 2 个作业地点。本张工作票设置专责监护人。参与本次工作的共 10 人（含工作负责人），具体分工为：

作业点 1（220kV 新御变 110kV 新华 832 线间隔线路侧）：

郭××（工作负责人）：依据《安规》履行工作负责人安全职责。

徐××（专责监护人）：负责监护张××、秦××在新御变 110kV 新华 832 线间隔线路侧验电及拆、搭电缆头。

张××、秦××（工作班成员）：新御变 110kV 新华 832 线间隔线路侧验电及拆、搭电缆头。

作业点 2（110kV 新华 832 线 01 号杆）：

郭××（工作负责人）：依据《安规》履行工作负责人安全职责。

徐××（专责监护人）：负责监护张××、秦××在 110kV 新华 832 线 01 号杆验电、装拆接地线及拆、搭电缆头。

杜××（专责监护人）：负责监护石××、左××、杨×在 110kV 新华 832 线 01 号杆进行耐压试验操作工作。

张××、秦××（工作班成员）：110kV 新华 832 线 01 号杆验电、装拆接地线及拆、搭电缆头。

严××、高××（工作班成员）：地面辅助传递工器具和材料。

石××、左××、杨×（工作班成员）：在 110kV 新华 832 线 01 号杆进行耐压试验操作工作。

（六）场景接线图

220kV 变电站 110kV 出线电缆耐压试验场景接线图见图 1-7。

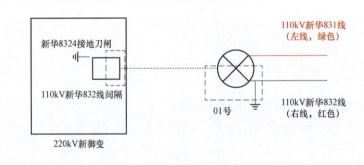

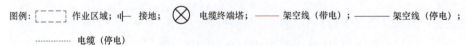

图 1-7　220kV 变电站 110kV 出线电缆耐压试验场景接线图

二、工作票样例

电力电缆第一种工作票

单　位：输电运检中心　　停电申请单编号：输电工区 202402001

编　号：Ⅰ202402001

1. 工作负责人（监护人）： 郭×× 　　班　组：电缆运检班

2. 工作班人员（不包括工作负责人）

电缆运检班：杜××、石××、左××、杨×、徐××、秦××、张××、严××、高××。

共 9 人

3. 电力电缆名称

110kV 新华 832 线（220kV 新御变 110kV 新华 832 线间隔至 110kV 新华 832 线 01 号杆）。

4. 工作任务

工作地点或地段	工作内容
220kV 新御变：110kV 新华 832 线间隔线路侧	110kV 新华 832 线出线电缆拆头、配合耐压试验、搭头
110kV 新华 832 线 01 号	电缆拆头、耐压试验、搭头

5. 计划工作时间

自 2024 年 02 月 01 日 08 时 00 分至 2024 年 02 月 01 日 17 时 00 分。

【票种选择】本次作业为电缆耐压试验，使用电力电缆第一种工作票。

单位栏应填写工作负责人所在的单位名称；系统开票编号栏由系统自动生成；系统故障时，手工填写时应遵循：单位简称+××××（年份）××（月份）+×××。

1.【班组】对于包含工作负责人在内有两个及以上的班组人员共同进行的工作，应填写"综合班组"。

2.【工作班人员】人员应取得准入资质，安排的人员应进行承载力分析，确保人数适当、充足；如有特种作业应安排具备相应资质的特种作业人员。不同单位需分行填写。

【共×人】不包括工作负责人。

3.【电力电缆名称】填写线路电压等级及名称、检修设备的名称和编号，需覆盖全面，不得缺项。必要时注明电缆连接关系。

4.【工作任务】

（1）对于在变电站内的工作，"工作地点"应写明变电站名称及电缆设备的双重名称。

（2）对于在电杆上进行电缆与线路拆、搭接头工作，"工作地点"应填写线路名称（双重名称）和电杆杆号。

（3）对于在分支箱处的工作，"工作地点"应填写线路名称（双重名称）和分支箱双重名称、编号。

（4）对于在电缆线路中间某一段区域内工作，"工作地点"应填写电缆所属的线路名称（双重名称）以及电缆所处的地理位置名称。

（5）工作内容要写具体，如电缆搭头、电缆开断、做中间头、做终端头、试验等。

5.【计划工作时间】填写计划检修起始时间和结束时间，该时间应在调度批准的检修时间段内。

6. 安全措施（必要时可附页绘图说明）

（1）应拉开的设备名称、应装设绝缘挡板			
变、配电站或线路名称	应拉开的断路器（开关）、隔离开关（刀闸）、熔断器以及应装设的绝缘挡板（注明设备双重名称）	执行人	已执行
220kV 新御变	1）应拉开新华 832 开关	许××	√
220kV 新御变	2）应拉开新华 8321、新华 8322、新华 8323 刀闸	许××	√
220kV 新御变	3）应将新华 832 转换开关由"远方"切至"就地"	许××	√

（2）应合接地刀闸或应装接地线		
接地刀闸双重名称和接地线装设地点	接地线编号	执行人
220kV 新御变：应在新华 8323 刀闸线路侧验明三相确无电压之后，合上新华 8324 接地刀闸。（调度发令）	8324	许××
110kV 新华 832 线 01 号杆：应在 01 号杆大号侧装设接地线一组	××110kV-01 号	郭××

（3）应设遮栏、应挂标示牌

1）220kV 新御变：应在新华 832 开关操作处（后台机、测控装置转换开关）及新华 8321、新华 8322、新华 8323 刀闸操作把手上分别悬挂"禁止合闸，有人工作"标示牌	许××
2）220kV 新御变：应在工作地点 110kV 新华 832 线出线电缆终端四周设置围栏，在围栏上字面朝内悬挂"止步，高压危险"标示牌，在围栏出入口处分别悬挂"从此进出""在此工作"标示牌	许××
3）110kV 新华 832 线 01 号杆：应在工作地点 110kV 新华 832 线 01 号杆下方按作业半径设置围栏，在围栏上悬挂"止步，高压危险"标示牌，在围栏出入口处分别悬挂"从此进出""在此工作"标示牌	郭××

（4）工作地点保留带电部分或注意事项（由工作票签发人填写）	（5）补充工作地点保留带电部分和安全措施（由工作许可人填写）
1）220kV 新御变：110kV 正、副母线运行带电，8321 刀闸、8322 刀闸母线侧带电	无
2）220kV 新御变：相邻新华 831 间隔、2 号主变 702 间隔运行带电	

6.【安全措施】

（1）【应拉开的设备名称、应装设绝缘挡板】线路上不涉及进入变电站内的电缆工作，可以直接填写"××kV××线转为检修状态"。变电站内和线路上均有工作时，应将变电站采取的安全措施排在前列，线路上应采取的安全措施排在后面。

（2）【应合接地刀闸或应装接地线】不涉及进入变电站内的电缆工作，可只填写由工作班组装设的工作接地线。接地线编号由工作负责人填写。变电站内和线路上均有工作时，应将变电站采取的安全措施排在前列，线路上应采取的安全措施排在后面。且与本票第 2 栏顺序保持一致。接地线编号中"××"为单位简称。接地线编号应写明电压等级，具体编号不重号即可。

（3）【应设遮栏、应挂标示牌】正确选择"禁止合闸，有人工作""从此进出""在此工作"标示牌，实施人不可代签。

（4）【工作地点保留带电部分或注意事项】由工作票签发人根据现场情况，明确工作地点及周围所保留的带电部位、带电设备名称和注意事项，工作地点周围有可能误碰、误登、交叉跨越的带电部位和设备等，以及其他需要向检修人员交代的注意事项，此栏不得空白。

（5）【补充工作地点保留带电部分和安全措施】由工作许可人根据现场实际情况，提出和完善安全措施，并注明所采取的安全措施或提醒检修人员必须注意的事项，无补充内容时填写"无"。

（6）【"执行人"和"已执行"栏】在工作许可时，确认对应安全措施完成后，填写执行人姓名，并在"已执行"栏内打"√"。

1）在变电站或发电厂内的电缆工作，由变电站工作许可人确认完成左侧相应的安全措施后，在双方所持工作票"执行人"栏内签名，并在"已执行"栏内打"√"。

2）在线路上的电缆工作，工作负责人应与线路工作许可人逐项核对确认安全措施完成后，在"执行人"栏内填写许可人姓名，并在"已执行"栏内打"√"。采用当面许可方式，线路工作许可人应在"执行人"栏内亲自签名。

续表

3）220kV 新御变：与 110kV 带电设备保持 1.5m 以上安全距离	
4）110kV 新华 832 线 01 号（右线，红色）同杆架设的 110kV 新华 831 线 01 号（左线，绿色）带电运行	
5）工作前应发给作业人员相应线路的识别标记（红色）。作业人员登杆塔前应核对停电检修线路的识别标记和线路名称、杆号无误后，方可攀登。登杆塔至横担处时，应再次核对停电线路的识别标记与双重称号，确实无误后方可进入停电线路侧横担	
6）作业前作业人员应认真检查安全工器具良好，工作中应正确使用。高处作业、上下杆塔或转移作业位置时不得失去安全保护	
7）高处作业应一律使用工具袋，较大的工具应使用绳子拴在牢固构件上	
8）上下传递物品使用绝缘无极绳索，不得上下抛掷	
9）作业人员在接触或接近导地线工作时，应使用个人保安线	
10）作业人员和工器具与 110kV 新华 831 线带电设备保持不小于 1.5m 安全距离	
11）电缆耐压试验分相进行时，另两相电缆应接地	
12）电缆试验时应得到工作负责人同意，无关人员撤离现场，试验前后应对电缆进行充分放电	
13）在 5 级及以上的大风以及暴雨、雷电、冰雹、大雾、沙尘暴等恶劣天气下，应停止露天高处作业	
14）严格按照已批准的作业方案执行	

3）由检修班组自行装设的接地线或合入的接地刀闸，由工作负责人填写实际执行人姓名，并在"已执行"栏内打"√"。

（7）第一种工作票签发和收到时间应为工作前一天（紧急抢修、消缺除外）。运维人员收到工作票后，对工作票审核无误后，填写收票时间并签名。

（8）承发包工程中，工作票应实行"双签发"形式。签发工作票时，双方工作票签发人在工作票上分别签名，各自承担《安规》工作票签发人相应的安全责任。

工作票签发人签名：杨×　　　2024 年 01 月 30 日 09 时 30 分

工作票会签人签名：庄×× 　2024 年 01 月 30 日 09 时 50 分

工作票会签人签名：_____ 　____年___月___日___时___分

7. 确认本工作票 1～6 项

工作负责人签名：郭××

8. 补充安全措施

　（1）耐压试验时两端应封闭围栏入口，并在围栏上向外悬挂"止步，高压危险"标示牌。

　（2）耐压试验时，加压端严禁无关人员进入试验场地。另一端应派人看守。

工作负责人签名：郭××

9. 工作许可

（1）在线路上的电缆工作。

　工作许可人 王×× 用 电话下达 方式许可。

　自 2024 年 02 月 01 日 09 时 00 分起开始工作。

工作负责人签名：郭××

（2）在变电站或发电厂内的电缆工作。

　安全措施项所列措施中 220kV 新御变 （变、配电站/发电厂）部分已执行完毕。

　工作许可时间 2024 年 02 月 01 日 08 时 45 分。

工作许可人签名：许×× 　　工作负责人签名：郭××

10. 现场交底，工作班成员确认工作负责人布置的工作任务、人员分工、安全措施和注意事项并签名：

　杜××、石××、左××、杨×、徐××、秦××、张××、严××、高××、李××

7.【确认签名】工作负责人确认本工作票 1~6 项后签名。

8.【补充安全措施】工作负责人根据工作任务、现场实际情况、工作环境和条件、其他特殊情况等，填写工作过程中存在的主要危险点和防范措施。危险点及防范措施要具体明确。只填写工作负责人收执的工作票上。特别要强调各作业点（变电站、配电所、线路）工作班之间的相互联系，如电缆涉及到试验时，对其他作业人员是否停止作业的控制等措施。

9.【工作许可】
（1）【在线路上的电缆工作】若停电线路作业还涉及其他单位配合停电的线路时，工作负责人应在得到指定的配合停电设备运行管理单位联系人通知这些线路已停电和接地，并履行工作许可书面手续后，才可开始工作。
（2）【在变电站或发电厂内的电缆工作】若工作涉及两个及以上变电站时，应增加变电站许可栏目，由工作负责人分别与对应站履行相应许可手续。

10.【现场交底签名】所有工作班成员在明确了工作负责人、专责监护人交待的工作任务、人员分工、安全措施和注意事项后，在工作负责人所持工作票上签名，不得代签。

11. 每日开工和收工时间（使用一天的工作票不必填写）

收工时间				工作负责人	工作许可人	开工时间				工作许可人	工作负责人
月	日	时	分			月	日	时	分		

12. 工作票延期

有效期延长到_____年___月___日___时___分。

工作负责人签名：_____　　　_____年___月___日___时___分

工作许可人签名：_____　　　_____年___月___日___时___分

13. 工作负责人变动

原工作负责人_____离去，变更_____为工作负责人。

工作票签发人：_____　　　_____年___月___日___时___分

14. 作业人员变动（变动人员姓名、日期及时间）

2024 年 02 月 01 日 09 时 40 分，严××离去，李××加入。工作负责人：郭××

　　　　　　　　　　　　　　　　工作负责人签名：郭××

15. 工作终结

（1）在线路上的电缆工作。

作业人员已全部撤离，材料工具已清理完毕，工作终结；所装的工作接地线共 1 副已全部拆除，于 2024 年 02 月 01 日 16 时 00 分工作负责人向工作许可人 王×× 用 电话 方式汇报。

　　　　　　　　　　　　　　　　工作负责人签名：郭××

（2）在变、配电站或发电厂内的电缆工作。

在 220kV 新御变 （变、配电站/发电厂）工作于 2024 年 02 月 01 日 16 时 20 分结束，设备及安全措施已恢复至开工前状态，作业人员已全部撤离，材料工具已清理完毕。

11.【每日开工和收工时间】对有人值班变电站的检修工作，每日收工，应清扫工作地点，开放已封闭的通路，并将工作票交回运行人员。次日复工时，应得到工作许可人的许可，取回工作票，工作负责人必须重新认真检查安全措施是否符合工作票的要求，并召开现场站班会后，方可工作。若无工作负责人或专责监护人带领，工作人员不得进入工作地点。对无人值班变电站的检修工作，当日收工时，工作负责人应电话告知运行班组值班员当日工作收工，双方分别在各自所持的工作票的相应栏内填写时间、姓名。次日复工前，工作负责人应检查安全措施完好、与运行班组值班员电话联系，在得到许可后，工作许可人、工作负责人分别在各自所持工作票相应栏内填写开工时间、姓名后方可开始工作。

12.【工作票延期】工作需延期，应在工作计划结束时间前由工作负责人向工作许可人提出申请，办理延期手续。对于需经调度许可的工作，工作许可人还应得到调度许可后，方可与工作负责人办理工作票延期手续。工作票只能延期一次。

13.【工作负责人变动情况】经工作票签发人同意，在工作票上填写离去和变更的工作负责人姓名及变动时间，同时通知全体作业人员及工作许可人；如工作票签发人无法当面办理，应通过电话通知工作许可人，由工作许可人和原工作负责人在各自所持工作票上填写工作负责人变更情况，并代工作票签发人签名。

工作负责人的变动必须是在该工作票许可之后，如在工作票许可之前需变更工作负责人，则应由工作票签发人重新签发工作票。

14.【工作人员变动情况】经工作负责人同意，工作人员方可新增或离开。新增人员应在工作负责人所持工作票第 8 栏签名确认后方可参加工作。本栏由工作负责人负责填写。班组人员每次发生变动，工作负责人都要签字。人员变动情况填写格式：××××年××月××日××时××分，××、××加入（离去）。

15.【工作终结】

（1）对于电缆工作所涉及的线路，工作负责人应与线路工作许可人（停送电联系人或调度）办理工作终结手续。工作负责人、工作许可人双方在工作票的工作终结栏相应处签名。如果工作终结手续是以电话方式办理，则由工作负责人在自己手中的工作票上代线路工作许可人签名。

（2）对于在变电站、配电所内进行的工作，工作负责人应会同工作许可人（值班人员）共同组织验收。在验收结束前，双方均不得变更现场安全措施。验收后，工作负责人、工作许可人双方在工作票的工作终结栏相应处签名。

（3）在涉及线路和变电站工作的情况下，上述（1）、（2）的要求全部满足后，工作终结手续才告完成。工作终结时间不应超出计划工作时间或经批准的延期时间。

工作负责人签名：郭×× 工作许可人签名：许××

16. 工作票终结

临时遮栏、标示牌已拆除，常设遮栏已恢复；

未拆除的接地线编号 无 共 0 组；

未拉开接地刀闸编号 8324 共 1 副（台），已汇报调度。

工作许可人签名：许×× 2024 年 02 月 01 日 16 时 35 分

17. 备注

（1）指定专责监护人 杜×× 负责监护石××、左××、杨×在 110kV 新华 832 线 01 号杆进行耐压试验操作工作。指定专责监护人徐××负责监护张××、秦××在 110kV 新华 832 线 01 号杆验电、挂拆接地、解开及恢复电缆搭头。指定专责监护人徐××负责监护张××、秦××在新御变 110kV 新华 832 线间隔线路侧解开及恢复电缆搭头。（地点及具体工作。）

（2）其他事项：新华 8324 接地刀闸由调度下令暂未拉开。2024 年 02 月 02 日 16 时 50 分新华 8324 接地刀闸已由调度下令拉开。

16.【工作票终结】工作变电站工作许可人在完成工作票的工作终结手续后，应拆除工作票上所要求的安全措施，恢复常设遮栏，并做好记录。在拉开检修设备的接地刀闸或拆除接地线后，应在本变电站收持的工作票上填写"未拆除的接地线编号×#、×#接地线共×组"或"未拉开接地刀闸编号×#、×#接地刀闸共×副（台）"，未拆除的接地线、接地刀闸汇报调度员后，方告工作票终结。工作许可人在工作票上签名并填写工作终结时间。

17.【备注】

（1）此处应明确被监护的人员、地点及具体工作内容。验电、挂拆接地线要指定专责监护人并在备注栏填写。使用吊车的作业应在工作票备注栏指定吊车指挥。邻近带电线路等特殊环境使用吊车的应设专人监护，并在工作票备注栏指定专责监护人。

（2）专职监护人不得参加工作，如此监护人需监护其他作业，必须写明之前的监护工作已经结束，同时再次明确新的监护工作、地点和被监护人。

（3）涉及多小组工作，应在此处填写说明。如：本工作涉及×个工作小组，有×份小组任务单。工作过程中如任务单数量发生变化应及时变更。如 20××年××月××日，小组任务单数量变更为×份。

（4）其他需要交代或需要记录的事项，若无其他需要交代或记录的事项，应填写"无"。

（5）对于工作开始前，票中预安排的工作班成员，如未能在开工时参与现场安全交底的，整体作业开工时，需在备注对相关情况说明，如"工作班×××作业开工时，未到场参与工作。"无需在工作票"工作人员变动情况"栏进行人员变动。相关预安排人员实际参与现场作业时，应在备注栏对相关情况说明，如"××××年××月××日××时××分，×、××已接受安全交底并签字，可参与现场工作"。

1.8 110kV 输电电缆终端塔终端及附件检修

一、作业场景情况

（一）工作场景

本次工作为 110kV 厂中 737 线 15 号电缆终端塔终端及附件检修。

周边环境：工作地段位于道路旁，无跨越铁路、公路、河流等影响施工的其他环境因素。

（二）工作任务

110kV 厂中 737 线 15 号电缆终端塔终端及附件检修。

（三）停电范围

110kV 厂中 737 线。

保留带电部位：无。

（四）票种选择建议

电力电缆第一种工作票。

（五）人员分工及安排

本次工作有 1 个作业点（110kV 厂中 737 线 15 号电缆终端塔），参与本次工作的共 6 人（含工作负责人），具体分工为：

郭××（工作负责人）：依据《安规》履行工作负责人安全职责。

杜××（专责监护人）：负责监护石××、左××在 110kV 厂中 737 线 15 号电缆终端塔验电、装拆接地线及开展终端、附件检修工作。

石××、左××（工作班成员）：110kV 厂中 737 线 15 号电缆终端塔验电、装拆接地线及开展终端、附件检修工作。

张××、秦××（工作班成员）：地面辅助传递工器具和材料。

（六）场景接线图

110kV 输电电缆终端塔终端及附件检修场景接线图见图 1-8。

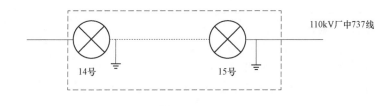

图例：⌐┐作业区域；⏚ 接地；⊗ 电缆终端塔；——— 架空线（停电）；……… 电缆（停电）

图 1-8　110kV 输电电缆终端塔终端及附件检修场景接线图

二、工作票样例

电力电缆第一种工作票

单　位：<u>输电运检中心</u>　　停电申请单编号：<u>输电工区 202409001</u>

编　号：<u>Ⅰ202409001</u>

1. 工作负责人（监护人）： <u>郭××</u>　　班　组：<u>电缆运检班</u>

2. 工作班人员（不包括工作负责人）

<u>电缆运检班：杜××、石××、左××、张××、秦××。</u>

共 <u>5</u> 人

3. 电力电缆名称

<u>110kV 厂中 737 线（110kV 厂中 737 线 14 号塔至 110kV 厂中 737 线 15 号塔）。</u>

【票种选择】本次作业为电缆停电检修，使用电力电缆第一种工作票。
单位栏应填写工作负责人所在的单位名称；系统开票编号栏由系统自动生成；系统故障时，手工填写时应遵循：单位简称+××××（年份）××（月份）+×××。

1.【班组】对于包含工作负责人在内有两个及以上的班组人员共同进行的工作，应填写"综合班组"。

2.【工作班人员】人员应取得准入资质，安排的人员应进行承载力分析，确保人数适当、充足；如有特种作业应安排具备相应资质的特种作业人员。不同单位需分行填写。
【共×人】不包括工作负责人。

3.【电力电缆名称】填写线路电压等级及名称、检修设备的名称和编号，需覆盖全面，不得缺项。必要时注明电缆连接关系。

电力安全典型工作票范例　输电专业

4. 工作任务

工作地点或地段	工作内容
110kV 厂中 737 线 15 号	电缆终端及附件检修

5. 计划工作时间

自 <u>2024</u> 年 <u>09</u> 月 <u>15</u> 日 <u>08</u> 时 <u>00</u> 分至 <u>2024</u> 年 <u>09</u> 月 <u>15</u> 日 <u>17</u> 时 <u>00</u> 分。

6. 安全措施（必要时可附页绘图说明）

（1）应拉开的设备名称、应装设绝缘挡板			
变、配电站或线路名称	应拉开的断路器（开关）、隔离开关（刀闸）、熔断器以及应装设的绝缘挡板（注明设备双重名称）	执行人	已执行
110kV 厂中 737 线	110kV 厂中 737 线转为检修状态	王××	√

（2）应合接地刀闸或应装接地线		
接地刀闸双重名称和接地线装设地点	接地线编号	执行人
110kV 厂中 737 线 14 号塔：应在 14 号塔电缆引下线侧装设接地线一组	××110kV-01号	郭××
110kV 厂中 737 线 15 号塔：应在 15 号塔大号侧装设接地线一组	××110kV-02号	郭××

（3）应设遮栏、应挂标示牌	
110kV 厂中 737 线 15 号塔：应在工作地点 110kV 厂中 737 线 15 号塔下方按作业半径设置围栏，在围栏出入口处分别悬挂"从此进出""在此工作"标示牌	郭××

（4）工作地点保留带电部分或注意事项（由工作票签发人填写）	（5）补充工作地点保留带电部分和安全措施（由工作许可人填写）
1）作业人员登塔前应核对停电检修线路的识别标记和线路名称、杆号无误后，方可攀登	无

4.【工作任务】
（1）对于在变电站内的工作，"工作地点"应写明变电站名称及电缆设备的双重名称。
（2）对于在电杆上进行电缆与线路拆、搭接头工作，"工作地点"应填写线路名称（双重名称）和电杆杆号。
（3）对于在分支箱处的工作，"工作地点"应填写线路名称（双重名称）和分支箱双重名称、编号。
（4）对于在电缆线路中间某一段区域内工作，"工作地点"应填写电缆所属的线路名称（双重名称）以及电缆所处的地理位置名称。
（5）工作内容要写具体，如电缆搭头、电缆开断、做中间头、做终端头、试验等。

5.【计划工作时间】 填写计划检修起始时间和结束时间，该时间应在调度批准的检修时间段内。

6.【安全措施】
（1）【应拉开的设备名称、应装设绝缘挡板】线路上不涉及进入变电站内的电缆工作，可以直接填写"××kV××线转为检修状态"。变电站内和线路上均有工作时，应将变电站采取的安全措施排在前列，线路上应采取的安全措施排在后面。
（2）【应合接地刀闸或应装接地线】不涉及进入变电站内的电缆工作，可只填写由工作班组装设的工作接地线。接地线编号由工作负责人填写。变电站内和线路上均有工作时，应将变电站采取的安全措施排在前列，线路上应采取的安全措施排在后面。且与本票第 2 栏顺序保持一致。接地线编号中"××"为单位简称。接地线编号应写明电压等级，具体编号不重号即可。
（3）【应设遮栏、应挂标示牌】正确选择"禁止合闸，有人工作""从此进出""在此工作"标示牌，实施人不可代签。
（4）【工作地点保留带电部分或注意事项】由工作票签发人根据现场情况，明确工作地点及周围所保留的带电部位、带电设备名称和注意事项，工作地点周围有可能误碰、误登、交叉跨越的带电部位和设备等，以及其他需要向检修人员交代的注意事项，此栏不得空白。
（5）【补充工作地点保留带电部分和安全措施】由工作许可人根据现场实际情况，提出和完善安全措施，并注明所采取的安全措施或提醒检修人员必须注意的事项，无补充内容时填写"无"。
（6）【"执行人"和"已执行"栏】在工作许可时，确认对应安全措施完成后，填写执行人姓名，并在"已执行"栏内打"√"。
1）在变电站或发电厂内的电缆工作，由变电站工作许可人确认完成左侧相应的安全措施后，在双方所持工作票"执行人"栏内签名，并在"已执行"栏内打"√"。
2）在线路上的电缆工作，工作负责人应与线路工作许可人逐项核对确认安全措施完成后，在"执行人"栏内填写许可人姓名，并在"已执行"栏内打"√"。采用当面许可方式，线路工作许可人应在"执行人"栏内亲自签名。
3）由检修班组自行装设的接地线或合入的接地刀闸，由工作负责人填写实际执行人姓名，并在"已执行"栏内打"√"。
（7）第一种工作票签发和收到时间应为工作前一天（紧急抢修、消缺除外）。运维人员收到工作票后，对工作票审核无误后，填写收票时间并签名。
（8）承发包工程中，工作票应实行"双签发"形式。签发工作票时，双方工作票签发人在工作票上分别签名，各自承担《安规》工作票签发人相应的安全责任。

续表

2）作业前作业人员应认真检查安全工器具良好，工作中应正确使用。高处作业、上下杆塔或转移作业位置时不得失去安全保护	
3）高处作业应一律使用工具袋，较大的工具应使用绳子拴在牢固构件上	
4）上下传递物品使用绳索，不得上下抛掷	
5）在 5 级及以上的大风以及暴雨、雷电、冰雹、大雾、沙尘暴等恶劣天气下，应停止露天高处作业	
6）严格按照已批准的作业方案执行	

工作票签发人签名：<u>杨×</u>　　<u>2024</u> 年 <u>09</u> 月 <u>14</u> 日 <u>15</u> 时 <u>10</u> 分

工作票会签人签名：<u>　　　</u>　　<u>　　</u>年<u>　</u>月<u>　</u>日<u>　</u>时<u>　</u>分

工作票会签人签名：<u>　　　</u>　　<u>　　</u>年<u>　</u>月<u>　</u>日<u>　</u>时<u>　</u>分

7. 确认本工作票 1～6 项

工作负责人签名：<u>郭××</u>

8. 补充安全措施

　<u>无。</u>

　　　　　　　　　　　　　　　　工作负责人签名：<u>郭××</u>

9. 工作许可

（1）在线路上的电缆工作。

　工作许可人 <u>王××</u> 用 <u>电话下达</u> 方式许可。

　自 <u>2024</u> 年 <u>09</u> 月 <u>15</u> 日 <u>09</u> 时 <u>10</u> 分起开始工作。

工作负责人签名：<u>郭××</u>

　（2）在变电站或发电厂内的电缆工作。

　安全措施项所列措施中<u>　　　　　</u>（变、配电站/发电厂）部分已执行完毕。

7.【确认签名】工作负责人确认本工作票 1~6 项后签名。

8.【补充安全措施】工作负责人根据工作任务、现场实际情况、工作环境和条件、其他特殊情况等，填写工作过程中存在的主要危险点和防范措施。危险点及防范措施要具体明确。只填写在工作负责人收执的工作票上。特别要强调各作业点（变电站、配电所、线路）工作班之间的相互联系，如电缆涉及试验时，对其他作业人员是否停止作业的控制等措施。

9.【工作许可】
（1）【在线路上的电缆工作】若停电线路作业还涉及其他单位配合停电的线路时，工作负责人应在得到指定的配合停电设备运行管理单位联系人通知这些线路已停电和接地，并履行工作许可书面手续后，才可开始工作。
（2）【在变电站或发电厂内的电缆工作】若工作涉及两个及以上变电站时，应增加变电站许可栏目，由工作负责人分别与对应站履行相应许可手续。

工作许可时间_____年___月___日___时___分。

工作许可人签名：_____　　　　工作负责人签名：_____

10. 现场交底，工作班成员确认工作负责人布置的工作任务、人员分工、安全措施和注意事项并签名：

杜××、石××、左××、秦××、张××、李××

11. 每日开工和收工时间（使用一天的工作票不必填写）

收工时间				工作负责人	工作许可人	开工时间				工作许可人	工作负责人
月	日	时	分			月	日	时	分		

12. 工作票延期

有效期延长到_____年___月___日___时___分。

工作负责人签名：_____　　　　　　_____年___月___日___时___分

工作许可人签名：_____　　　　　　_____年___月___日___时___分

13. 工作负责人变动

原工作负责人_____离去，变更_____为工作负责人。

工作票签发人：_____　　　　　_____年___月___日___时___分

14. 作业人员变动（变动人员姓名、日期及时间）

2024 年 09 月 15 日 09 时 50 分，张××离去，李××加入。工作负责人：郭××

　　　　　　　　　　　　　　　　　　　工作负责人签名：郭××

15. 工作终结

（1）在线路上的电缆工作。

右栏注释：

10.【现场交底签名】所有工作班成员在明确了工作负责人、专责监护人交待的工作任务、人员分工、安全措施和注意事项后，在工作负责人所持工作票上签名，不得代签。

11.【每日开工和收工时间】对有人值班变电站的检修工作，每日收工，应清扫工作地点，开放已封闭的通路，并将工作票交回运行人员。次日复工时，应得到工作许可人的许可，取回工作票，工作负责人必须重新认真检查安全措施是否符合工作票的要求，并召开现场站班会后，方可工作。若无工作负责人或专责监护人带领，工作人员不得进入工作地点。对无人值班变电站的检修工作，当日收工时，工作负责人应电话告知运行班组值班员当日工作收工，双方分别在各自所持的工作票的相应栏内填写时间、姓名。次日复工前，工作负责人应检查安全措施完好、与运行班组值班员电话联系，在得到许可后，工作许可人、工作负责人分别在各自所持工作票相应栏内填写开工时间、姓名后方可开始工作。

12.【工作票延期】工作需延期，应在工作计划结束时间前由工作负责人向工作许可人提出申请，办理延期手续。对于需经调度许可的工作，工作许可人还应得到调度许可后，方可与工作负责人办理工作票延期手续。工作票只能延期一次。

13.【工作负责人变动情况】经工作票签发人同意，在工作票上填写离去和变更的工作负责人姓名及变动时间，同时通知全体作业人员及工作许可人；如工作票签发人无法当面办理，应通过电话通知工作许可人，由工作许可人和原工作负责人在各自所持工作票上填写工作负责人变更情况，并代工作票签发人签名。
工作负责人的变动必须是在该工作票许可之后，如在工作票许可之前需变更工作负责人，则应由工作票签发人重新签发工作票。

14.【工作人员变动情况】经工作负责人同意，工作人员方可新增或离开。新增人员应在工作负责人所持工作票第 8 栏签名确认后方可参加工作。本处由工作负责人负责填写。班组人员每次发生变动，工作负责人都要签字。人员变动情况填写格式：×××年××月××日××时××分，××、××加入（离去）。

15.【工作终结】
（1）对于电缆工作所涉及的线路，工作负责人应与线路工作许可人（停送电联系人或调度）办理工作终结手续。工作负责人、工作许可人双方在工作票的工作终结栏相应处签名。如果工作终结

作业人员已全部撤离，材料工具已清理完毕，工作终结；所装的工作接地线共 _2_ 副已全部拆除，于 _2024_ 年 _09_ 月 _15_ 日 _16_ 时 _15_ 分工作负责人向工作许可人 _王××_ 用 _电话_ 方式汇报。

工作负责人签名：<u>郭××</u>

（2）在变、配电站或发电厂内的电缆工作。

在 _____ （变、配电站/发电厂）工作于 _____ 年 __月 __日 __时 __分结束，设备及安全措施已恢复至开工前状态，作业人员已全部撤离，材料工具已清理完毕。

工作负责人签名：_____ 工作许可人签名：_____

16. 工作票终结

临时遮栏、标示牌已拆除，常设遮栏已恢复；

未拆除的接地线编号_____共_____组；

未拉开接地刀闸编号_____共_____副（台），已汇报调度。

工作许可人签名：_____ _____年__月__日__时__分

17. 备注

（1）指定专责监护人 _杜××_ 负责监护 _石××、左××在 110kV 厂中737 线 14 号塔、15 号塔验电、挂拆接地，在 15 号塔进行电缆终端及附件检修工作。_（地点及具体工作）。

（2）其他事项：无。

_____

手续是以电话方式办理，则由工作负责人在自己手中的工作票上代线路工作许可人签名。

（2）对于在变电站、配电所内进行的工作，工作负责人应会同工作许可人（值班人员）共同组织验收。在验收结束前，双方均不得变更现场安全措施。验收后，工作负责人、工作许可人双方在工作票的工作终结栏相应处签名。

（3）在涉及线路和变电站工作的情况下，上述（1）、（2）的要求全部满足后，工作终结手续才告完成。工作终结时间不应超出计划工作时间或经批准的延期时间。

16.【工作票终结】工作变电站工作许可人在完成工作票的工作终结手续后，应拆除工作票上所要求的安全措施，恢复常设遮栏，并作好记录。在拉开检修设备的接地刀闸或拆除接地线后，应在本变电站收持的工作票上填写"未拆除的接地线编号×#、×#接地线共×组"或"未拉开接地刀闸编号×#、×#接地刀闸共×副（台）"，未拆除的接地线、接地刀闸汇报调度员后，方告工作票终结。工作许可人在工作票上签名并填写工作票终结时间。

17.【备注】

（1）此处应明确被监护的人员、地点及具体工作内容。验电、挂拆接地工作要指定专责监护人并在备注栏填写。使用吊车的作业应在工作票备注栏指定吊车指挥。邻近带电线路等特殊环境使用吊车的应设专人监护，并在工作票备注栏指定专责监护人。

（2）专职监护人不得参加工作，如此监护人需监护其他作业，必须写明之前的监护工作已经结束，同时再次明确新的监护工作、地点和被监护人。

（3）涉及多个小组工作，应在此处填写有×个工作小组，有×份小组任务单。工作过程中如任务单数量发生变化应及时变更。如 20××年××月××日，小组任务单数量变更为×份。

（4）其他需要交代或需要记录的事项，若无其他需要交代或记录的事项，应填写"无"。

（5）对于工作开始前，票中预安排的工作班成员，如未能在开工时参与现场安全交底的，整体作业开工时，需在备注栏对相关情况说明，如"工作班成员×××作业开工时，未到场参与工作。"无需在工作票"工作人员变动情况"栏进行人员变动。相关预安排人员参与现场作业时，应在备注栏对相关情况说明，如"××××年××月××日××时××分，××、××已接受安全交底并签字，可参与现场工作"。

1.9 220kV 芳顺 2Y86 线 10 号塔更换绝缘子

一、作业场景情况

（一）工作场景

220kV 芳顺 2Y86 线 10 号直线塔更换绝缘子。铁塔下方有与 220kV 线路平行走向的 10kV 剑北 112 线马池沟支线 2～4 号，与 220kV 线路平行距离 3m，10kV 申请陪停配合更换绝缘子工作。

周边环境：工作地段位于农田内，无跨越铁路、公路、河流等影响施工的其他环境因素。

（二）工作任务

220kV 芳顺 2Y86 线 10 号直线塔更换三相绝缘子。

（三）停电范围

220kV 芳顺 2Y86 线全线。

保留带电部位：无。

（四）票种选择建议

电力线路第一种工作票。

（五）人员分工及安排

参与本次工作的共 5 人（含工作负责人），具体分工为：

李×（工作负责人）：负责工作的整体协调组织，更换绝缘子时进行监护。

王×、赵×、钱×、孙×（工作班成员）等 4 人：更换 220kV 芳顺 2Y86 线 10 号塔绝缘子工作。

（六）场景接线图

220kV 芳顺 2Y86 线 10 号塔更换绝缘子场景接线图见图 1-9。

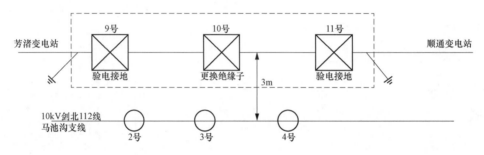

图 1-9　220kV 芳顺 2Y86 线 10 号塔更换绝缘子场景接线图

二、工作票样例

电力线路第一种工作票

单　　位：××××电力建设有限公司

停电申请单编号：输电运检室 202408005

1. 工作负责人（监护人）： 李×　　　**班　组：** 线路三班

2. 工作班人员（不包括工作负责人）

××× 输变电工程公司线路三班：王×、赵×、钱×、孙×。

共 <u>4</u> 人

3. 工作的线路或设备双重名称（多回路应注明双重称号、色标、位置）

220kV 芳顺 2Y86 线全线（绿色）。

【票种选择】本次作业为输电线路停电检修工作，使用输电线路第一种工作票。

单位栏应填写工作负责人所在的单位名称；系统开票编号栏由系统自动生成；系统故障时，手工填写时应遵循：单位简称+××××（年份）××（月份）+×××。

1.【班组】 对于包含工作负责人在内有两个及以上的班组人员共同进行的工作，应填写"综合班组"。

2.【工作班人员】 人员应取得准入资质，安排的人员应进行承载力分析，确保人数适当、充足；如有特种作业应安排具备相应资质的特种作业人员。不同单位需分行填写。

【共×人】 不包括工作负责人。

3.【工作的线路或设备双重名称】 填写线路电压等级及名称、检修设备的名称和编号，需覆盖全面，不得缺项。单回路不用标注位置、色标。如果单回工作线路现场存在邻近、平行、交叉跨越的线路，应填写线路色标。

4. 工作任务

工作地点或地段（注明分、支线路名称、线路的起止杆号）	工作内容
220kV 芳顺 2Y86 线 9～11 号	10 号塔更换三相直线绝缘子

4. 【工作任务】 不同地点的工作应分行填写；工作地点与工作内容一一对应。

5. 计划工作时间

自 <u>2024</u> 年 <u>08</u> 月 <u>30</u> 日 <u>07</u> 时 <u>00</u> 分至 <u>2024</u> 年 <u>08</u> 月 <u>30</u> 日 <u>18</u> 时 <u>00</u> 分。

5. 【计划工作时间】 填写计划检修起始时间和结束时间，该时间应在调度批准的检修时间段内。

6. 安全措施（必要时可附页绘图说明，红色表示有电）

6.1 应改为检修状态的线路间隔名称和应拉开的断路器（开关）、隔离开关（刀闸）、熔断器（保险）（包括分支线、用户线路和配合停电线路）：

<u>220kV 芳顺 2Y86 线全线转为检修状态。</u>

6.2 保留或邻近的带电线路、设备：

<u>无。</u>

6.3 其他安全措施和注意事项：

（1）工作前，应认真核对作业线路双重名称、杆塔号、色标并确认无误。

（2）作业前作业人员应认真检查安全工器具良好，工作中应正确使用。高处作业、上下杆塔或转移作业位置时不得失去安全保护。

（3）平衡挂线时，不得在同一相邻耐张段的同相（极）导线上进行其他作业。

（4）高处作业应一律使用工具袋。较大的工具应使用绳子拴在牢固的构件上。上下传递物品使用绳索，不得上下抛掷。

（5）作业点下方按坠落半径设置围栏。

（6）链条葫芦、手扳葫芦、吊钩式滑车等装置的吊钩和起重作业使用的吊钩应有防止脱钩的保险装置。

（7）更换绝缘子前，应在导线上设置二道保护措施。

（8）在 5 级及以上的大风以及暴雨、雷电、冰雹、大雾、沙尘暴等恶劣天气下，应停止露天高处作业。

（9）需要 10kV 剑北 112 线马池沟支线配合停电的工作，工作负责人应得到配合停电线路的设备管理单位许可后，方可开始工作。需要 10kV 剑

6. 【6.1 栏】 若全线（主线和支线）停电，填写"××kV××线全线转为检修状态"即可，无需再区分主线和支线。

【6.2 栏】 应填写双重称号和带电线路、设备的电压等级。没有填写"无"。

【6.3 栏】 第 1 条为防误登杆塔，第 2～3 条为防高处坠落，第 4～7 条为防物体打击，第 8～9 条为其他注意事项。

结合现场实际添加相应的安全措施：
【防误登杆塔】 若存在同杆架设多回线路中部分线路停电的工作，登杆塔至横担时，应再次核对停电线路的识别标记与双重称号，确实无误后方可进入停电线路侧横担。
【防触电】 工作地段如有邻近（水平距离 50m 范围内）、平行（水平距离 50m 范围内）、交叉跨越及同杆架设线路，邻近或交叉其他电力线工作人体、导线、施工机具等与带电导线安全距离符合《安规》表 4 规定。多日工作时，应补充"多日工作，次日恢复工作前应派专人检查接地线完好并经许可后方可工作"。
【防物体打击】 若在城区、人口密集区地段或交通道口和通行道路上施工时，工作场所周围应装设遮栏（围栏），并在相应部位装设标示牌。必要时，派专人看管。

北 112 线马池沟支线线配合停电的工作结束后，应汇报配合停电线路的设备管理单位。

6.4　应挂的接地线，共 2 组。

挂设位置（线路名称及杆号）	接地线编号	挂设时间	拆除时间
220kV 芳顺 2Y86 线 9 号大号侧	××220kV-01 号	2024 年 08 月 30 日 9 时 50 分	2024 年 08 月 30 日 16 时 50 分
220kV 芳顺 2Y86 线 11 号大号侧	××220kV-02 号	2024 年 08 月 30 日 10 时 05 分	2024 年 08 月 30 日 16 时 45 分

工作票签发人签名：张×　　2024 年 08 月 29 日 15 时 00 分

工作票会签人签名：陆×　　2024 年 08 月 29 日 15 时 25 分

工作负责人签名：李×　　2024 年 08 月 29 日 16 时 30 分收到工作票

7. 确认本工作票 1~6 项，许可工作开始

许可方式	许可人	工作负责人签名	许可开始工作时间
当面通知	陈×	李×	2024 年 08 月 30 日 09 时 05 分
电话下达	王×	李×	2024 年 08 月 30 日 07 时 30 分

8. 现场交底，工作班成员确认工作负责人布置的工作任务、人员分工、安全措施和注意事项并签名：

王×、赵×、钱×、孙×

9. 工作负责人变动情况

原工作负责人_____离去，变更_____为工作负责人。

工作票签发人签名：_____　____年__月__日__时__分

【6.4 栏】

（1）接地线编号、挂设时间、拆除时间应手工填写在工作负责人所持工作票上。挂设时间在许可时间后，拆除时间在终结时间前。接地线编号中"××"为单位简称。接地线编号应写明电压等级，具体编号不重号即可。

（2）第一种工作票签发和收到时间应为工作前一天（紧急抢修、消缺除外）。运维人员收到工作票后，对工作票审核无误后，填写收票时间并签名。

（3）承发包工程中，工作票应实行"双签发"形式。签发工作票时，双方工作票签发人在工作票上分别签名，各自承担《安规》工作票签发人相应的安全责任。

7.【许可工作开始】许可方式：当面通知、电话下达、派人送达。许可开始工作时间不应早于计划工作开始时间。

8.【现场交底签名】所有工作班成员在明确了工作负责人、专责监护人交待的工作任务、人员分工、安全措施和注意事项后，在工作负责人所持工作票上签名，不得代签。

9.【工作负责人变动情况】经工作票签发人同意，在工作票上填写离去和变更的工作负责人姓名及变动时间，同时通知全体作业人员及工作许可人；如工作票签发人无法当面办理，应通过电话通知工作许可人，由工作许可人和原工作负责人在各自所持工作票上填写工作负责人变更情况，并代工作票签发人签名。

工作负责人的变动必须是在该工作票许可之后，如在工作票许可之前需变更工作负责人，则应由工作票签发人重新签发工作票。

10. 工作人员变动情况（变动人员姓名、变动日期及时间）

_____

_____

工作负责人签名：_____

11. 工作票延期

有效期延长到_____年___月___日___时___分。

工作负责人签名：_____　　_____年___月___日___时___分

工作许可人签名：_____　　_____年___月___日___时___分

12. 每日开工和收工时间（使用一天的工作票不必填写）

收工时间				工作负责人	工作许可人	开工时间				工作许可人	工作负责人
月	日	时	分			月	日	时	分		

13. 工作票终结

13.1　现场所挂的接地线编号 ××220kV-01 号、××220kV-02 号 共_2_组，已全部拆除、带回。

13.2　工作终结报告。

终结报告的方式	许可人	工作负责人签名	终结报告时间
当面报告	陈×	李×	2024 年 08 月 30 日 17 时 20 分
电话报告	王×	李×	2024 年 08 月 30 日 17 时 35 分

14. 备注

（1）指定专责监护人 李×　负责监护 王×、赵×、钱×、孙×在220kV 芳顺 2Y86 线 9 号、11 号验电、挂拆接地线以及 10 号更换绝缘子工作。　（人员、地点及具体工作。）

10.【工作人员变动情况】经工作负责人同意，工作人员方可新增或离开。新增人员应在工作负责人所持工作票第 8 栏签名确认后方可参加工作。本处由工作负责人负责填写。班组人员每次发生变动，工作负责人都要签字。人员变动情况填写格式：×××年××月××日××时××分，××、××加入（离去）。

11.【工作票延期】工作需延期，应在工作计划结束时间前由工作负责人向工作许可人提出申请，办理延期手续。对于需经调度许可的工作，工作许可人还应得到调度许可后，方可与工作负责人办理工作票延期手续。工作票只能延期一次。

12.【每日开工和收工时间】工作负责人和工作许可人分别签名确认每日开工和收工时间。

13.【13.1 栏】工作负责人应将现场所拆的接地线编号和数量填写齐全，并现场清点，不得遗漏。
【13.2 栏】工作终结后，工作负责人应及时报告工作许可人。报告方法有当面报告和电话报告。报告结束后填写报告方式、时间，工作负责人、许可人签名（电话报告时代签）。

14.【备注】
（1）此处应明确被监护的人员、地点及具体工作内容。验电、挂拆接地工作要指定专责监护人并在备注栏填写。使用吊车的作业应在工作票备注栏指定吊车指挥。邻近带电线路等特殊环境使用吊车的应设专人监护，并在工作票备注栏指定专责监护人。
（2）专职监护人不得参加工作，如此监护人需监护其他作业，必须写明之前的监护工作已经结束，同时再次明确新的监护工作、地点和被监护人。
（3）涉及多小组工作，应在此处填写说明。如：本工作涉及×个工作小组，有×份小组任务单。工作过程中如任务单数量发生变化应及时变更。如 20××年××月××日，小组任务单数量变更为×份。

> （2）其他事项：
>
> 无。

（4）其他需要交代或需要记录的事项，若无其他需要交代或记录的事项，应填写"无"。

（5）对于工作开始前，票中预安排的工作班成员，如未能在开工时参与现场安全交底的，整体作业开工时，需在备注栏对相关情况说明，如"工作班成员×××作业开工时，未到场参与工作。"无需在工作票"工作人员变动情况"栏进行人员变动。相关预安排人员实际参与现场作业时，应在备注栏对相关情况说明，如"××××年××月××日××时××分，××、××已接受安全交底并签字，可参与现场工作"。

三、220kV 芳顺 2Y86 线 10 号塔更换绝缘子配合做安措

（一）工程内容

10kV 剑北 112 线马池沟支线 2～4 号杆段配合做安措工作。

（二）停电范围

本工作票涉及 10kV 剑北 112 线马池沟支线 2～4 号杆段配合 220kV 芳顺 2Y86 线 10 号塔更换绝缘子工作，下层 10kV 剑北 112 线马池沟支线邻近陪停配合做安措，如图 1-10 所示。

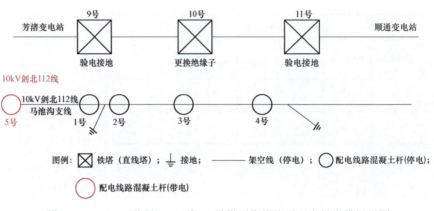

图 1-10　220kV 芳顺 2Y86 线 10 号塔更换绝缘子配合做安措场景图

（三）工作票样例

配电第一种工作票

单　位：××电力建设有限公司　　编　号：××配 I202408001

1. 工作负责人： 唐××　　　班　组：线一公司

2. 工作班人员（不包括工作负责人）

××公司：丁×、胡×　　　　　　　　　　　　　　　共 2 人。

3. 停电线路或设备名称（多回线路应注明双重称号）

10kV 剑北 112 线马池沟支线。

【票种选择】本次作业为线路停电工作，使用配电第一种工作票，无需增持其他票种。

单位栏应填写工作负责人所在的单位名称；系统开票编号栏由系统自动生成；系统故障时，手工填写时应遵循：单位简称+××××（年份）××（月份）+×××。

1.【班组】对于包含工作负责人在内有两个及以上的班组人员共同进行的工作，应填写"综合班组"。

2.【工作班人员】人员应取得准入资质，安排的人员应进行承载力分析，确保人数适当、充足；如有特种作业应安排具备相应资质的特种作业人员。不同单位需分行填写。

【共×人】不包括工作负责人。

3.【停电线路或设备名称（多回线路应注明双重称号）】

（1）填写停电的配电线路电压等级、名称（多回线路应注明双重称号）、设备双重名称、起止杆号。

（2）填写停电的环网柜、开关站、箱变等配电设备的电压等级、双重名称或停电范围。

（3）若全线（包括支线）停电，填写主线和支线。

（4）填写的配电线路名称、设备双重名称应与现场相符（包括电压等级）。

4. 工作任务

工作地点或设备［注明变（配）电站、线路名称、设备双重名称及起止杆号］	工作内容
10kV 剑北 112 线马池沟支线 2 号杆至 10kV 剑北 112 线马池沟支线 4 号杆	配合 220kV 芳顺 2Y86 线 010 号塔更换绝缘子，10kV 剑北线马池沟支线下层邻近配合做安措

5. 计划工作时间

自 <u>2024</u> 年 <u>08</u> 月 <u>30</u> 日 <u>07</u> 时 <u>00</u> 分至 <u>2024</u> 年 <u>08</u> 月 <u>30</u> 日 <u>18</u> 时 <u>00</u> 分。

6. 安全措施［应该为检修状态的线路、设备名称、应断开的断路器（开关）、隔离开关（刀闸）、熔断器，应合上的接地刀闸，应装设的接地线、绝缘隔板、遮栏（围栏）和标示牌等，装设的接地线应明确具体位置，必要时可附页绘图说明］

6.1　调控或运维人员［变（配）电站、发电厂］应采取的安全措施	已执行
一、10kV 剑北 112 线	
（1）应拉开 5 号杆 V1278 柱开	√
（2）应在 5 号杆 V1278 柱上开关操作处悬挂"禁止合闸，线路有人工作！"指示牌	√
（3）应将 5 号杆 V1278 柱上开关自动化装置操作方式由"远方"切至"就地"位置，将开关的电动操作机构电源空气开关拉开	√
二、10kV 剑北 112 线马池沟支线	
（1）应在 02 号杆的小号侧装设高压接地线一组（××10kV-01 号）	√
（2）应在 04 号杆的大号侧装设高压接地线一组（××10kV-02 号）	√

右栏批注：

4.【工作任务】

（1）工作地点或设备［注明变（配）电站、线路名称、设备双重名称及起止杆号］。

1）配电线路工作：填写工作线路（包括有工作的分支线路等）电压等级、名称（同杆双回或多回线路应注明线路位置称号）、工作地段起止杆号。

2）配电设备工作：填写工作的变电站、环网柜、配电站、开闭所等所工作的电压等级、名称及检修工作区域和检修设备的双重名称，填写的设备名称应与现场相符（包括电压等级）。

（2）工作内容。

1）工作内容应填写明确，术语规范，且不得超出相应停电申请单中的工作内容。

2）应写明工作性质、内容［如：迁移、立杆、放线、更换架空地线、更换变压器、拆除（恢复）线路搭头等］。

3）工作内容应填写完整，不得省略。消缺工作应写明消缺具体内容（例如处理×耐张搭头，更换×避雷器等），不得以维修、消缺等模糊词语涵盖工作内容。

4）变（配）电站内和线路上均有工作时，为便于区分，应将变（配）电站的工作地点、工作内容排在前面，线路工作地点及内容排在站所工作的后面。

5）不同工作地点的工作，应分行填写；工作地点与工作内容应一一对应。

5.【计划工作时间】

填写计划检修起始时间和结束时间，该时间应在调度批准的检修时间段内。

6.【安全措施】

【6.1 调控或运维人员［变（配）电站、发电厂］应采取的安全措施】

（1）填写涉及的变（配）电站或线路名称以及由调控或运维人员操作的各侧（包括变电站、配电站、用户站、各分支线路）断路器（开关）、隔离开关（刀闸）、熔断器，自动化设备控制电源、操作电源。

（2）填写变（配）电站内、线路上应合接地刀闸或应装接地线、应装绝缘挡板的编号和确切位置。

（3）填写变（配）电站内应装设遮栏以及应挂标示牌的名称和地点以及防止二次回路误碰等措施。

（4）变（配）电站内和线路上均需采取安全措施时，为便于区分，应将变（配）电站内应采取的安全措施排在前面，线路上采取的安全措施排在后面。

（5）涉及多个站所、多条线路和设备时，为避免混乱，各站所、线路和设备应逐一填写。例如：

1）变电站 A（如 110kV×变电站）：应断开×开关；应断×刀闸……

2）变电站 B（如 35kV×变电站）：应断开×开关；应断×刀闸……

3）10kV×线：应断开×开关；应在×装设接地线一组……

（6）变电站出线线路（电缆）工作涉及进线工作或借用变电站接地刀闸（接地线）作为工作班接地线的，则必须将变电站内开关、刀闸、接地等安措列入工作票中，不涉及以上工作的只填写"确认 10kV××线路转为检修状态"。

（7）配电设备上熔断器在保持断开状态时，可采用熔断器拉开摘下熔管或熔断器拉开不摘下熔管的方式，在操作处悬挂"禁止合闸，线路有人工作！"标示牌。

（8）美式箱式变电站高压开关拉开后不需要加锁，欧式箱式变电站高压开关拉开后可以加锁。

（9）环网柜开关拉开后不需要再加锁，隔离开关（刀闸）及接地刀闸操作把手处应加锁。

（10）在低压用电设备上停电工作前，配电箱工作断开断路器，是否需要取下断路器熔丝应按现场实际情况确定，如配电箱断路器无熔丝的必须在配电箱门上加锁和悬挂标示牌。

已执行

以上安全措施完成后，工作负责人在接受许可时，应与工作许可人逐项核对确认并打"√"。

续表

6.2 工作班完成的安全措施	
应在 10kV 剑北 112 线马池沟支线 02 号杆至 10kV 剑北 112 线马池沟支线 04 号杆工作地点四周装设临时安全围栏、在围栏进出口处悬挂"在此工作""从此进出"标示牌,围栏向外悬挂"止步,高压危险!"标示牌	✓

6.3 工作班装设(或拆除)的接地线

线路名称、设备双重名称、装设位置	接地线编号	装拆情况		
10kV 剑北 112 线马池沟支线 02 号杆小号侧	××10kV-01 号	装设人	监护人	装设时间
		丁××	胡×	2024 年 08 月 30 日 07 时 12 分
		拆除人	监护人	拆除时间
		丁××	胡×	2024 年 08 月 30 日 17 时 30 分
10kV 剑北 112 线马池沟支线 04 号杆大号侧	××10kV-02 号	装设人	监护人	装设时间
		丁××	胡×	2024 年 08 月 30 日 07 时 28 分
		拆除人	监护人	拆除时间
		丁××	胡×	2024 年 08 月 30 日 17 时 45 分

6.4 配合停电应采取的安全措施	已执行
无	

6.5 保留或邻近的带电线路、设备

无。

6.6 其他安全措施和注意事项

(1)登杆前认清停电线路名称及杆号(防误登杆),正确规范验电接地。

(2)登杆人员正确使用安全带,严禁安全带低挂高用。

(3)邻近及交跨公路,应设置醒目的警示标识、安全围栏并加强监护。

(4)工作负责人应在本工作票安措全部完成后及时向工作许可人汇报。

【6.2 工作班完成的安全措施】
(1)填写需要工作班操作停电的配电变压器及用户名称、应设的遮栏(围栏)、交通警示牌等。如:应拉开 10kV×线×配变低压侧开关;在综合配电箱柜门把手上悬挂"禁止合闸,线路有人工作!"标示牌;在×处装设围栏……没有则填写"无"。
(2)由工作班设的工作接地线可仅在"6.3"栏填写。
已执行:
安全措施完成后,工作负责人逐项核对确认并打"√"。

【6.3 工作班装设(或拆除)的接地线】
线路名称或设备双重名称和装设位置:
(1)填写应装设工作接地线(包括 0.4kV)的确切位置、地点;如 10kV×线×号杆支线侧。
(2)各工作班工作地段两端和有可能送电到停电线路的分支线(包括用户)都要挂接地线。
(3)配合停电的交叉跨越或邻近线路,在线路的交叉跨越或邻近处附近应装设一组接地线;配合停电的同杆(塔)架设线路装设接地线要求与检修线路相同。
(4)工作地段无法装设工作接地线的,且与运维人员装设的接地线(接地刀闸)之间未连有断路器(开关)或熔断器,则运维人员装设的接地线(接地刀闸)可借用为工作接地线使用,不需要在本栏内再填写。
(5)若工作范围内均借用运维人员装设的接地线(接地刀闸)作为工作接地线使用,则本栏填写"无"。
接地线编号:
(1)填写应装设的工作接地线(包括 0.4kV)的编号及电压等级。
(2)同一编号接地线不得重复。分段工作,同一编号的接地线可分段重复使用。
(3)接地线编号在装设好接地线后由工作负责人在现场填写。
装设人、拆除人、监护人:
装设、拆除接地线应有人监护,工作负责人将装设人、拆除人和监护人由工作负责人现场填写在工作票上,监护人利用手机拍摄的照片或者打印工作票 6.3 栏目页作为书面依据,装设(拆除)接地线结束时,监护人及时向工作负责人汇报,由工作负责人在工作票上记下装设(拆除)时间。
装设时间、拆除时间:
工作负责人依据现场工作班成员装设或拆除接地线完毕的时间填写。分段装设的接地线应根据工作区段转移情况逐段填写。
接地线装、拆时间填写应采用 24 小时制,填写年、月、日、时、分,如 2024 年 07 月 31 日 14 时 06 分。

【6.4 配合停电线路应采取的安全措施】
填写由非调控或运维人员负责的配合停电的线路名称及应断开的断路器(开关)、隔离开关(刀闸)、熔断器,应合上的接地刀闸或应装设的操作接地线。没有则填写"无"。

【6.5 保留或邻近的带电线路、设备】应注明工作地点或地段保留或邻近的带电线路、设备的电压等级、双重名称及杆(塔)号,主要填写以下内容:
(1)临近或交叉跨越的带电线路、设备名称(双重称号)。
(2)发电厂、变电站出口停电线路两侧的邻近带电线路。
(3)与工作地段邻近、平行或交叉且有可能误登误触的带电线路及设备。
(4)拉开后一侧有电、一侧无电的配电设备。如柱上开关、闸刀、跌落保险等。
(5)变(配)电站、开闭所内的配电设备工作,应填写工作地点及周围所保留的带电部位、带电设备名称。工作地点的低压交直流电源也应注明和交待清楚。
(6)没有则填写"无"。

【6.6 其他安全措施和注意事项】根据工作现场的具体情况而采取的一些安全措施或有关安全注意事项。

工作负责人应在得到工作许可人关于 <u>220kV 芳顺 2Y86 线绝缘子更换工作</u> <u>结束，可以拆除安措的告知后，方可下令拆除安措并终结工作。</u>

工作票签发人签名：<u>徐××</u>　　<u>2024</u> 年 <u>08</u> 月 <u>29</u> 日 <u>15</u> 时 <u>32</u> 分

工作票会签人签名：<u>孙××</u>　　<u>2024</u> 年 <u>08</u> 月 <u>29</u> 日 <u>15</u> 时 <u>46</u> 分

工作票会签人签名：_____　　____年___月___日___时___分

工作负责人签名：<u>唐××</u>　　<u>2024</u> 年 <u>08</u> 月 <u>29</u> 日 <u>16</u> 时 <u>02</u> 分

6.7　其他安全措施和注意事项补充（由工作负责人或工作许可人填写）

　　无。

_____

7. 工作许可

许可的线路或设备	许可方式	工作许可人	工作负责人签名	许可工作的时间
10kV 剑北 112 线马池沟支线 2 号杆至 10kV 剑北 112 线马池沟支线马池沟支线 4 号杆	当面通知	王××	唐××	2024 年 08 月 30 日 07 时 02 分
				年　月　日　时　分

8. 现场交底，工作班成员确认工作负责人布置的工作任务、人员分工、安全措施和注意事项并签名：

　　<u>丁×、胡×</u>

9. <u>2024</u> 年 <u>08</u> 月 <u>30</u> 日 <u>07</u> 时 <u>42</u> 分工作负责人确认工作票所列当前工作所需的安全措施全部执行完毕，下令开始工作。

10. 工作任务单登记：

工作任务单编号	工作任务	小组负责人	工作许可时间	工作结束报告时间
无			年 月 日 时 分	年 月 日 时 分

右侧批注：

如：装设个人保安接地线；在杆下装设临时围栏；防止倒杆应设临时拉线；线路交跨处、临近带电设备的安全距离提示；起重、运输安全事项；有限空间作业安全注意事项；电气试验作业现场的安全注意事项；在道路上放置提醒来往车辆和行人注意安全的交通警示牌等。

【6.7 其他安全措施和注意事项补充】由工作负责人或工作许可人根据具体情况进行补充，没有则填"无"。

7.【工作许可】
（1）工作许可人和工作负责人分别在各自收执的工作票上填写许可的线路或设备名称、许可方式、工作许可人、工作负责人、许可工作时间。
（2）同一时间、相同停电范围，有多家单位或同一单位的不同班组分别持票进行施工作业时，设备运维管理单位指派的工作许可人应为同一人。
（3）各工作许可人应在完成工作票所列由其负责的停电和装设接地线等安全措施后，方可发出许可工作的命令。
【许可内容】许可内容为许可的工作地点或设备以及许可的工作内容。
【工作许可时间】不应早于计划工作开始时间。

8.【现场交底签名】每个工作班成员履行签名手续，不得代签。使用工作任务单时，由小组负责人在工作票上签名，其他小组成员在工作任务单上签名。

9.【下令开始工作】工作负责人确认工作票所列当前工作所需的安全措施一栏的时间，应为调度运维以及工作班所做的安措全部执行完毕之后，下令开始工作的时间。

10.【工作任务单登记】若一张工作票下设多个小组工作，应将所有工作任务单编号、工作任务、小组负责人、工作许可时间、工作结束报告时间。没有则填"无"。
【工作许可时间】小组工作许可时间应在工作票许可时间之后。
【工作结束报告时间】工作结束报告时间应在工作票终结时间之前。

11. 人员变更

11.1　工作负责人变动情况：原工作负责人_____离去，变更_____为工作负责人。

工作票签发人：_____　　　　_____年___月___日___时___分

原工作负责人签名确认：_____　　新工作负责人签名确认：_____

　　　　　　　　　　　　　　　　_____年___月___日___时___分

11.2　工作人员变动情况

_____

　　　　　　　　　　　　　　工作负责人签名：_____

12. 工作票延期

　　有效期延长到_____年___月___日___时___分。

工作负责人签名：_____　　　　_____年___月___日___时___分

工作许可人签名：_____　　　　_____年___月___日___时___分

13. 每日开工和收工时间（使用一天的工作票不必填写）

收工时间	工作负责人	工作许可人	开工时间	工作许可人	工作负责人

14. 工作终结

14.1　工作班现场所装设接地线（接地刀闸）共 2 组、个人保安线共 0 组已全部拆除，工作班布置的其他安全措施已恢复，工作班人员已全部撤离现场，材料工具已清理完毕，杆塔、设备上已无遗留物。

14.2　工作终结报告。

终结的线路或设备	报告方式	工作负责人	工作许可人	终结报告时间
10kV 剑北 112 线马池沟支线 2 号杆至 10kV 剑北 112 线马池沟支线马池沟支线 4 号杆	当面通知	王××	唐××	2024 年 08 月 30 日 18 时 00 分

右侧注释：

11.【11.1 工作负责人变动】经工作票签发人同意，在工作票上填写原工作负责人和新工作负责人的姓名及变动时间，同时通知工作许可人。新、老工作负责人做好交接手续，并在工作票上签名确认，记录确认时间。工作许可人提出申请，同意后记入并签名。此处工作许可人签名可代签。

【11.2 工作人员变动】经工作负责人同意，工作人员方可新增或离开。新增人员应在工作负责人所持工作票第 8 栏签名确认后方可参加工作。本处由工作负责人负责填写。

12.【工作票延期】由工作负责人向工作许可人提出申请，同意后记入并签名。此处工作许可人签名可代签。工作票延期。

13.【每日开工和收工时间】工作负责人和工作许可人分别签名确认每日开工和收工时间。

14.【工作终结】
（1）填写拆除的所有工作接地线和个人保安线数量。
1）工作结束后，工作负责人（包括小组负责人）应检查工作地段的状况，确认没有遗留个人保安线和其他工具、材料，全部工作人员确已撤离，并经验收合格后方可命令拆除工作接地线等安措。
2）接地线拆除后，任何人不得再登杆工作或在设备上工作。
（2）工作终结报告。
1）工作终结后，工作负责人应及时报告工作许可人，若有其他单位的设备配合停电，还应及时通知配合停电设备运行管理单位的停电联系人。工作终结报告应当面进行。
2）报告结束后，工作许可人和工作负责人分别在各自收执的工作票上填写终结的线路或设备的名称、报告方式、工作负责人、工作许可人和终结报告时间，办理工作终结手续。工作一旦终结，任何工作人员不得进入工作现场。

15. 工作票终结

已拆除工作许可人现场所挂＿＿＿＿＿（编号）接地线共 _2_ 组；

已拉开 _无_ （编号）接地刀闸共 _0_ 副。

工作票于 _2024_ 年 _08_ 月 _30_ 日 _19_ 时 _00_ 分结束。

工作许可人：唐××

16. 负责监护

指定专责监护人	被监护人	负责监护（地点及具体工作）

17. 其他事项： ＿＿＿＿＿＿＿＿＿＿＿＿＿＿＿＿＿＿＿＿＿＿＿＿＿

15.【工作票终结】
（1）填写拆除由工作许可人负责装设的接地线和接地刀闸编号、数量，以及工作票的终结时间。确认接地线和接地刀闸都已经拆除后，工作许可人签名。
（2）若不涉及接地线或接地闸刀，应在编号栏填"无"，在数量栏填"0"组（副），不得空白。
（3）工作票终结前，工作许可人在接到所有工作负责人的完工报告，实地检查确认停电范围内所有工作已结束，所有人员已撤离，所有接地线已拆除，与记录簿核对无误并做好记录后，方可下令拆除各侧安全措施。
（4）该项内容只需工作许可人所持票面填写。涉及多名工作许可人的工作票，各工作许可人填写各自所装设的接地线（接地刀闸）的拆除情况。

16.【负责监护】
（1）注明指定专责监护人、被监护人、负责监护地点及具体工作。如"指定专责监护人张三负责监护李四在 10kV×线×杆进行×工作"。
（2）对有触电危险、检修（施工）复杂容易发生事故的工作，如在邻近带电线路和设备区域使用吊车、斗臂车等特种车辆的作业；有限空间作业等，应增设专责监护人，并确定其监护的人员和工作范围。
（3）该部分内容仅需在工作负责人所持工作票上填写。

17.【其他事项】
其他需要交代或需要记录的事项。例如：
（1）暂未拆除、继续使用的接地线等。
（2）使用吊车的作业应在该栏注明吊车指挥人员。若在工作班成员栏目中已注明，则不需要在此填写。

1.10　220kV 秦花 2×75 线 16 号杆塔安装无线设备

一、作业场景情况

（一）工作场景

220kV 秦花 2×75 线 16 号杆塔上无线设备安装。

（二）工作任务

（1）一体化机柜基础及接地施工；

（2）塔身安装 3 根抱杆、3 台 RRU 设备和 3 面天线，挂高 25m；

（3）安装一体化机柜，从塔上布放线缆至一体化机柜。

（三）停电范围

无。

（四）票种选择建议

电力线路第二种工作票。

（五）人员分工及安排

本次工作有 1 个作业地点，可以采取工作任务单或设置专责监护人。本张工作票选择设置专责监护人。参与本次工作的共 4 人（含工作负责人），具体分工为：

朱××（工作负责人）：负责工作的整体协调组织，在施工时进行监护。

严××（专责监护人）：负责对蔡××、王×进行监护。

蔡××（工作班成员）：塔上就位完毕后，将滑轮正确安装牢固，并经另一名工作人员和监护人确认后开始起吊各配件。

王×（工作班成员）：依次组装不通位置的抱杆，核实检查抱杆都已安装牢固后，进行主设备（天线、RRU）的安装。

（六）场景接线图

无。

二、工作票样例

电力线路第二种工作票

单　位：×××××送变电工程公司　　编　号：Ⅱ202406007

1. 工作负责人（监护人）： 朱××　　班　组：施工一班

2. 工作班人员（不包括工作负责人）

×××××送变电工程公司施工一班：严××、蔡××、王×。

共　3　人

3. 工作任务

线路或设备名称	工作地点、范围	工作内容
220kV 秦花 2×75 线	16 号杆塔	1）一体化机柜基础制作、安装、接地。 2）安装 3 根抱杆、3 台 RRU 设备和 3 面天线。 3）塔上布放线缆至一体化机柜

4. 计划工作时间

自 2024 年 06 月 22 日 09 时 30 分至 2024 年 06 月 22 日 18 时 00 分。

5. 注意事项（安全措施）

（1）【开收工会】开工前需开好开工会，工作负责人（监护人）应向全

【票种选择】本次作业为输电线路不停电工作，使用电力线路第二种工作票，无需增持其他票种。
【单位】
（1）填写工作负责人所属单位的全称或简称，简称应规范统一。示例：输电运检室、省检徐州分部。
（2）外单位来本公司进行的工作，填写施工单位全称。示例：华东送变电公司。
【编号】
（1）工作票的编号，同一单位（部门）同一类型的工作票应统一编号，不得重复。
（2）微机开票时，编号由系统自动生成。
（3）当工作票打印有续页时，在每张续页右上方有工作票编号。
注：工作票的编号原则上应由计算机自动生成；手工开票时必须确保不出现重号。（要求：4 位年份+2 位月份+3 位编号，例如：201505001）
1.【工作负责人】填写执行该项工作的负责人姓名。
【班组】应填写工作负责人（监护人）所在班组名称。对于两个及以上班组共同进行的工作，则班组名称填写"综合班组"。
2.【工作班人员】
（1）应将工作班人员全部填写，然后注明"共×人"。
（2）使用工作任务单时，工作票的工作班成员栏内，可填写"小组负责人姓名等××人"，然后注明"共×人"。
（3）参与该项工作的设备厂家协作人员、临时工等其他人员也应包括在"工作班人员"中，应写清每个人员的名字、注明总人数，不同性质的人员应分行填写。在工作中应按规定对这些人员实施监护。
（4）工作负责人（监护人）不包括在工作票总人数"共×人"之内。
3.【工作任务】不同地点的工作应分行填写；工作地点与工作内容一一对应。
本次工作有三个工作地点，应分三行进行填写。
【线路或设备名称】填写线路或设备电压等级、名称和编号。
【工作地点、范围】在线路的某处杆塔上的工作，写明工作的线路的杆塔号，在线路某一地段的杆塔上工作，应写明线路的起止杆塔号，明确工作范围。
【工作内容】工作内容填写应具体清楚。
4.【计划工作时间】填写已批准的检修期限。
5.【注意事项（安全措施）】填写工作票签发人认为作业中需要注意的安全事项和需要采取的安全措施。

体作业人员交代作业任务、作业分工、安全措施和注意事项，明确施工中的危险点和应采取的安全措施，做好安全技术交底，并履行签字确认手续后，方可下达作业命令。收工后开好收工会，总结安全情况。

（2）【交通道口】在交通路口、道路边、车辆停放处等施工现场适当位置设置路牌、安全围栏、围网、警示桶等安全措施，在围栏、围网上向内悬挂适量的"止步，高压危险"标示牌，并在围栏、围网入口处挂"从此进出""在此工作"标示牌。

（3）【高处作业】登杆塔工作前，应仔细核对线路双重名称，防止误登，并设置专人监护。登高作业需正确佩戴安全帽，应使用合格的安全带，备工具袋。正确规范使用安全带，后备保险绳，杆上移位时不得失去安全带保护，上下杆塔时,应做好防坠措施；传递工器具使用绝缘无极绳，严禁高空抛物，登高作业需有专人监护。

（4）【安全距离】严格保持与带电部分的安全距离，220kV 线路不小于 3m。

（5）【文明施工】文明施工，不得野蛮施工，注意保护路边的绿化、农作物等。工作中不得破坏运行中的电缆，工作结束清理现场。

工作票签发人签名：尤×　　　2024 年 06 月 21 日 09 时 06 分

工作票会签人签名：李××　　2024 年 06 月 21 日 09 时 07 分

工作负责人签名：朱××　　　2024 年 06 月 21 日 09 时 08 分

【工作票签发人签名】 单签发时签发人复查后签上姓名时间。
【工作票会签人签名】 双签发时会签人审核后签上姓名时间。
【工作负责人签名】 负责人收到工作票后审核无误后签上姓名时间。

6. 现场交底，工作班成员确认工作负责人布置的工作任务、人员分工、安全措施和注意事项并签名：

严××，蔡××，王×，夏×

6.【**现场交底，工作班成员确认工作负责人布置的工作任务、人员分工、安全措施和注意事项并签名**】工作班成员在明确了工作负责人、专责监护人交待的工作内容、人员分工、带电部位、现场布置的安全措施和工作的危险点及防范措施后，每个工作班成员在工作负责人所持工作票上签名，不得代签。

7. 工作开始时间：2024 年 06 月 22 日 09 时 30 分

工作负责人签名：朱××

工作完工时间：2024 年 06 月 22 日 17 时 00 分

工作负责人签名：朱××

7.【**工作开始时间和工作完工时间**】按实际时间即时填写，工作负责人同时签名。

8. 工作负责人变动情况

原工作负责人_____离去，变更_____为工作负责人。

8.【**工作负责人变动情况**】经工作票签发人同意，在工作票上填写离去和更变的工作负责人姓名及变动时间，同时通知工作许可人。工作负责人的变更应告知全体工作班成员。变更的工作负责人应做好交接手续。

工作票签发人签名：_____　_____年___月___日___时___分

9. 工作人员变动情况（变动人员姓名、变动日期及时间）

2024 年 06 月 22 日 12 时 10 分夏××加入　（工作负责人签名：朱××）

工作负责人签名：**朱××**

10. 每日开工和收工时间（使用一天的工作票不必填写）

收工时间				工作负责人	开工时间				工作负责人
月	日	时	分		月	日	时	分	

11. 工作票延期

有效期延长到_____年___月___日___时___分。

12. 备注

（1）指定严××为专责监护人，负责对蔡××、王×在 220kV 秦花 2×75 线 16 号杆塔上，进行监护安装 3 根抱杆、3 台 RRU 设备和 3 面天线工作。

（2）工作班成员严××作业开工时未到场参与工作。

2024 年 06 月 22 日 12 时 10 分严××已接受安全交底并签字，可以参与现场工作。

1.11　110kV 飞龙变电站专网塔塔上无线设备安装

一、作业场景情况

（一）工作场景

110kV 飞龙变电站（以下简称飞龙变）专网塔（站外）。

（二）工作任务

（1）安装 3 根抱杆、安装 3 个 RRU 及天线；

（2）机柜接电；

（3）设备调试。

（三）停电范围

无。

（四）票种选择建议

电力通信工作票。

（五）人员分工及安排

本次工作有 1 个作业地点，可以采取工作任务单或设置专责监护人。本张工作票选择设置专责监护人。参与本次工作的共 4 人（含工作负责人），具体分工为：

王××（工作负责人）：负责工作的整体协调组织，在施工时进行监护。

李××（专责监护人）：负责对周××、马××进行监护。

周××（工作班成员）：塔上就位完毕后，将滑轮正确安装牢固，并经工作负责人和监护人确认后开始起吊各配件。

马××（工作班成员）：依次组装不同位置的抱杆，核实检查抱杆都已安装牢固后，进行主设备（天线、RRU）安装。

（六）场景接线图

无。

二、工作票样例

电力通信工作票

单　位：××××公司　　编　号：××-××××-202411-001

1. 班组名称： 工程二组　　**工作负责人：** 王××

2. 工作班成员（不包括工作负责人） 李××、周××、马×× 共 3 人。

3. 工作场所名称 110kV 飞龙变专网塔

4. 工作任务

工作地点及设备名称	工作内容
110kV 飞龙变专网塔	1）安装 3 根抱杆； 2）安装 3 个 RRU 及天线、机柜接电、设备调试

编号：填写单位简称-班组名称-年月-序号，如：江苏-通信运检一班-202405-0012。（可由系统自动生成或按照本单位工作票编码规则填写。）

班组名称：填写部门-处室-组别，有内部具体组别的，可填到组别。

工作场所名称：填写工作所在单位名称，如：500kV 甲变电站、220kV 乙变电站。

工作地点：填写工作所在具体地点，应包含楼层、机房门牌号、工作台等。

设备名称：填写设备信息，应包含设备标签信息、名称、设备类型、屏位情况。

工作内容：填写工作具体内容。（根据安装调试具体情况，工作内容应至少包含所涉及屏位位置、设备名称等。）

5. 计划工作时间

自 <u>2024</u> 年 <u>9</u> 月 <u>28</u> 日 <u>09</u> 时 <u>00</u> 分至 <u>2024</u> 年 <u>9</u> 月 <u>28</u> 日 <u>16</u> 时 <u>00</u> 分。

6. 安全措施（必要时可附页绘图说明）

（1）【开收工会】开工前需开好开工会，工作负责人（监护人）应向全体作业人员交代作业任务、作业分工、安全措施和注意事项，明确施工中的危险点和应采取的安全措施，做好安全技术交底，并履行签字确认手续后，方可下达作业命令。收工后开好收工会，总结安全情况。

（2）【交通道口】在交通路口、道路边、车辆停放处等施工现场适当位置设置路牌、安全围栏、围网、警示桶等安全措施，在围栏、围网上向内悬挂适量的"止步，高压危险"标示牌，并在围栏、围网入口处挂"从此进出""在此工作"标示牌，未经许可严禁进入工作区域。

（3）【高处作业】高处作业人员应正确佩戴双保险安全带，安全带的挂钩应挂在牢固构件上，采用高挂低用的方式，高处作业工器具、材料应放在工具袋内或用绳索绑牢，上下传递物品使用传递绳，严禁上下抛掷。塔上有人工作时,塔下在物体坠落半径范围内禁止有人。

（4）【电缆敷设】布放电缆时注意原有线缆的保护，工作完成后应注意防火封堵以及进行防火涂料的喷涂。

工作票签发人签名：<u>宋××</u>　　<u>2024</u> 年 <u>9</u> 月 <u>28</u> 日 <u>08</u> 时 <u>30</u> 分

工作负责人签名：<u>王××</u>　　<u>2024</u> 年 <u>9</u> 月 <u>28</u> 日 <u>08</u> 时 <u>45</u> 分

7. 工作许可

许可开始工作时间：<u>2024</u> 年 <u>11</u> 月 <u>28</u> 日 <u>09</u> 时 <u>10</u> 分。

工作负责人签名：<u>王××</u>　　工作许可人签名：<u>罗××</u>

8. 现场交底，工作班成员确认工作负责人布置的工作任务、人员分工、安全措施和注意事项并签名：

<u>李××、周××、马××</u>

现场交底：工作班所有成员签字（需纸质版版手写）。

9. 工作票延期

工作延期至	工作负责人	工作许可人
2024 年 9 月 28 日 20 时 00 分	王××	罗××
年　月　日　时　分		

10. 工作终结

　　全部工作已结束，工作过程产生的临时数据、临时账号等内容已删除，电力通信系统运行正常，现场已清扫、整理，工作班人员已全部撤离工作地点。工作终结时间：<u>2024</u> 年 <u>11</u> 月 <u>28</u> 日 <u>19</u> 时 <u>30</u> 分

工作负责人签名：<u>王××</u>　　**工作许可人签名：**<u>罗××</u>

11. 备注

　　<u>指定李××为专责监护人，负责监护周××、马××在 110kV 飞龙变专网塔，开展 3 根抱杆安装工作。</u>

第2章 技改迁改工程

2.1 220kV架空线路开环改造工程（含OPGW光缆作业）

一、作业场景情况

（一）工作场景

本次工作为线路改造工程，220kV盐朱4E87线、盐朱4E88线为同塔双回架设改造线路。同时，因220kV盐朱4E87线、盐朱4E88线原002～003号跨越220kV范武2E91线、220kV朱范4680线，被跨越线路需配合停电。

周边环境：工作地段位于农田内，无跨越铁路、公路、河流等影响施工的其他环境因素。

（二）工作任务

杆塔组立：220kV盐朱4E87线、盐朱4E88线原002～003号之间新立两基钢管杆T3、N2。

导地线开环：220kV盐朱4E87线、盐朱4E88线原002～003号导地线在T3、N2杆上开断。

杆塔拆除：220kV盐朱4E87线、盐朱4E88线原003号钢管杆拆除。

线路架设：新建T1～T3号、N1～N2号导地线展放，附件安装，光缆开断和熔接。

以上4项工作任务依次进行。

（三）停电范围

220kV盐朱4E87线（白底蓝字）、盐朱4E88线（红底白字），以及配合停电线路220kV范武2E91线（白底绿字）、220kV朱范4680线（红底白字）。

保留带电部位：无。

（四）票种选择建议

电力线路第一种工作票。

（五）人员分工及安排

参与本次工作的共23人（含工作负责人），具体分工为：

王×（工作负责人）：依据《安规》履行工作负责人安全职责。

沈××、李×（专责监护人）：沈××负责监护张×、钱××、夏××在220kV盐朱4E87线、220kV盐朱4E88线002号杆小号侧验电、挂拆接地；李×负责监护宋×、陈×、肖××在220kV盐朱4E87线、220kV盐朱4E88线004号杆大号侧验电、挂拆接地。沈××负责监护张×、钱××、夏××登杆组立新建T3杆和开环作业；李×负责监护宋×、陈×、肖××登杆组立新建N2杆和开环作业。沈××负责监护张×、钱××、夏××在T1～T3号架线登高作业；李×负责监护宋×、陈×、肖××在N1～N2架线登高作业。

周×、韩××（工作班成员）：吊车指挥。

叶×、吕××（工作班成员）：吊车驾驶员。

张×、钱××、夏××、宋×、陈×、肖××、蒋××、刘×、吴××、唐×、汤××、黄××、朱××、项××、田××、孙×、陈××（工作班成员）：现场劳务分包人员，含登高作业和地面辅助。

（六）场景接线图

220kV 架空线路开环改造工程（含 OPGW 光缆作业）场景接线图见图 2-1。

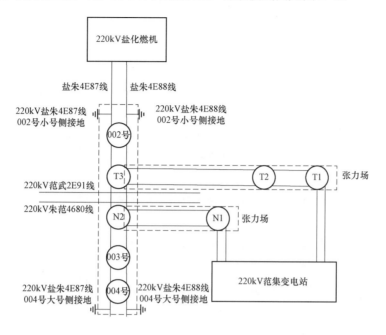

图 2-1　220kV 架空线路开环改造工程（含 OPGW 光缆作业）场景接线图

二、工作票样例

线路第一种工作票

单　　位：××××集团有限公司

停电申请单编号：输电运检中心 202409003　　编　号：Ⅰ202409001

1. 工作负责人：王×　　**班　组**：综合班组

2. 工作班人员（不包括工作负责人）

输电分公司线路二班：沈××、李×、周×、韩××；共 4 人。

××××送变电工程公司：张×、钱××、夏××、宋×、陈×、肖××、蒋××、刘×、吴××、唐×、汤××、黄××、朱××、项××、田××、孙×、陈××；共 17 人。

××电力起重有限公司：叶×、吕××；共 2 人。

共 23 人

【票种选择】本次作业为线路开环改造，架空输电线路、OPGW 光缆同时进行停电施工，故选用线路第一种工作票，同时增设工作任务单，OPGW 光缆工作应经电网调度和通信调度双方许可后方可开始工作。

单位栏应填写工作负责人所在的单位名称；系统开票编号栏由系统自动生成；系统故障时，手工填写时应遵循：单位简称+××××（年份）××（月份）+×××。

1.【班组】对于包含工作负责人在内有两个及以上的班组人员共同进行的工作，应填写"综合班组"。

2.【工作班人员】人员应取得准入资质，安排的人员应进行承载力分析，确保人数适当、充足；如有特种作业应安排具备相应资质的特种作业人员。不同单位需分行填写。

【共×人】不包括工作负责人。

3. 工作的线路或设备双重名称（多回路应注明双重称号、色标、位置）

220kV 盐朱 4E87 线全线（左线，白色）；220kV 盐朱 4E88 线全线（右线，红色）。

3.【工作的线路或设备双重名称】填写线路电压等级及名称、检修设备的名称和编号，需覆盖全面，不得缺项。单回路不用标注位置、色标。如果单回工作线路现场存在邻近、平行、交叉跨越的线路，应填写线路色标。

4. 工作任务

4.【工作任务】不同地点的工作应分行填写；工作地点与工作内容一一对应。

工作地点或地段（注明分、支线路名称、线路的起止杆号）	工作内容
220kV 盐朱 4E87 线 002～004 号	1）原 002～003 号之间新立两基钢管杆 T3、N2。 2）原 002～003 号导地线在 T3、N2 杆上开断。 3）新建 T1～T3 号、N1～N2 号导地线展放，紧挂线，附件安装。 4）原 002～003 号 OPGW 光缆开断和新建 T1～T3 号、N1～N2 号 OPGW 光缆熔接
220kV 盐朱 4E88 线 002～004 号	1）原 002～003 号之间新立两基钢管杆 T3、N2。 2）原 002～003 号导地线在 T3、N2 杆上开断。 3）新建 T1～T3 号、N1～N2 号导地线展放，紧挂线，附件安装。 4）原 002～003 号 OPGW 光缆开断和新建 T1～T3 号、N1～N2 号 OPGW 光缆熔接

5. 计划工作时间

自 2024 年 09 月 08 日 08 时 00 分至 2024 年 09 月 13 日 18 时 00 分。

5.【计划工作时间】填写计划检修起始时间和结束时间，该时间应在调度批准的检修时间段内。

6. 安全措施（必要时可附页绘图说明，红色表示有电）

6.1 应改为检修状态的线路间隔名称和应拉开的断路器（开关）、隔离开关（刀闸）、熔断器（保险）（包括分支线、用户线路和配合停电线路）：

220kV 盐朱 4E87 线全线转为检修状态，220kV 盐朱 4E88 线全线转为检修状态。

6.【6.1 栏】若全线（主线和支线）停电，填写"××kV××线全线转为检修状态"即可，无需再区分主线和支线。

6.2 保留或邻近的带电线路、设备：无。

【6.2 栏】应填写双重称号和带电线路、设备的电压等级。没有填写"无"。

6.3　其他安全措施和注意事项：

（1）工作前，应认真核对作业线路双重名称、杆塔号、色标并确认无误后方可攀登。

（2）作业前作业人员应认真检查安全工器具良好，工作中应正确使用。高处作业、上下杆塔或转移作业位置时不得失去安全保护。

（3）高处作业应一律使用工具袋。较大的工具应使用绳子拴在牢固的构件上。上下传递物品使用绳索，不得上下抛掷。

（4）作业点下方按坠落半径设置围栏。

（5）链条葫芦、手扳葫芦、吊钩式滑车等装置的吊钩和起重作业使用的吊钩应有防止脱钩的保险装置。

（6）禁止采用突然剪断导地线的做法松线。

（7）导线高空锚线应设置二道保护措施。

（8）次日恢复工作前应派专人检查接地线完好并经许可后方可工作。

（9）耐张塔挂线前，应将耐张绝缘子串短接。

（10）需要 220kV 范武 2E91 线、220kV 朱范 4680 线配合停电的工作，工作负责人应得到配合停电线路的设备管理单位告知后，方可开始工作。需要 220kV 范武 2E91 线、220kV 朱范 4680 线配合停电的工作结束后，应汇报配合停电线路的设备管理单位。

（11）吊车应可靠接地，起吊时应设专人指挥，指挥信号应清晰准确。在起吊过程中严禁人员在吊臂下方通过、逗留。

（12）起重机作业前应支好全部支腿，支腿应加枕木且布设稳固后方可工作。枕木不得少于两根且长度不得小于 1.2m。

（13）运行时牵引机、张力机进出口前方不得有人通过。各转向滑车围成的区域内侧禁止有人。受力钢丝绳的周围、上下方、转向滑车内角侧、吊臂和起吊物的下面，不得有人逗留和通过。吊物上不可站人，作业人员不得利用吊钩上升或下降。

（14）绞磨应放置平稳，锚固可靠，受力前方不得有人，牵引绳在卷筒上不准少于 5 圈。拉磨尾绳人员不少于 2 人，应站在锚桩后面且不准在绳圈内。

（15）在 5 级及以上的大风以及暴雨、雷电、冰雹、大雾、沙尘暴等恶劣天气下，应停止露天高处作业。

（16）严格按照已批准的作业方案执行。

【6.3 栏】第 1 条为防误登杆塔，第 2 条为防高处坠落，第 3～7 条为防物体打击，第 8～10 条为防触电，第 11～14 条为防机械伤害，第 15～18 条为注意事项。结合现场实际添加相应的安全措施。

【防触电】工作地段如有邻近（水平距离 50m 范围内）、平行（水平距离 50m 范围内）、交叉跨越及同杆架设线路，邻近或交叉其他电力线工作人体、导线、施工机具等与带电导线安全距离符合《安规》表 4 规定。作业时，起重机臂架、吊具、辅具、钢丝绳及吊物等与架空输电线及其他带电体的最小安全距离不准小于《安规》表 19 的规定，且应设专人监护。

【有限空间】有限空间作业前应"先通风、再检测、后作业"，机械通风时间不低于 30min。有限空间作业应在入口设置专责监护人。作业现场应配备使用气体检测仪、呼吸器、通风机等安全防护装备和应急救援装备。在门口、井口、围栏规范设置有限空间安全风险告知牌及安全警示标识。

（17）OPGW 光缆开断工作应使用单独的"电力线路工作任务单"，工作任务单未经许可不得开断光缆，光缆检修工作结束后向工作负责人报终结。

（18）应检查确认 OPGW 光缆名称、所属线路、芯数等要素，按照光路预断、二次敲缆、光缆复验的方法，确认 OPGW 光缆无误。

6.4 应挂的接地线，共 4 组。

挂设位置（线路名称及杆号）	接地线编号	挂设时间	拆除时间
220kV 盐朱 4E87 线 002 号杆小号侧	××220kV-01 号	2024 年 09 月 08 日 09 时 21 分	2024 年 09 月 14 日 09 时 30 分
220kV 盐朱 4E87 线 004 号杆大号侧	××220kV-02 号	2024 年 09 月 08 日 09 时 55 分	2024 年 09 月 14 日 09 时 45 分
220kV 盐朱 4E88 线 002 号杆小号侧	××220kV-04 号	2024 年 09 月 08 日 09 时 21 分	2024 年 09 月 14 日 09 时 30 分
220kV 盐朱 4E88 线 004 号杆大号侧	××220kV-06 号	2024 年 09 月 08 日 09 时 55 分	2024 年 09 月 14 日 09 时 45 分

工作票签发人签名：余×   2024 年 09 月 07 日 08 时 55 分

工作票会签人签名：耿××   2024 年 09 月 07 日 09 时 33 分

工作票会签人签名：吴××   2024 年 09 月 07 日 09 时 58 分

工作负责人签名：王×   2024 年 09 月 07 日 16 时 55 分收到工作票

7. 确认本工作票 1～6 项，许可工作开始

许可方式	许可人	工作负责人签名	许可开始工作时间
电话下达（电网）	邓××	王×	2024 年 09 月 08 日 09 时 00 分
电话下达（通信）	邓××	王×	2024 年 09 月 12 日 11 时 20 分

8. 现场交底，工作班成员确认工作负责人布置的工作任务、人员分工、安全措施和注意事项并签名：

沈××、李×、周×、韩××

张×、钱××、夏××、宋×、陈×、肖××、蒋××、刘×、吴×

×、唐×、汤××、黄××、朱××、项××、田××、孙×、叶×、吕

××、陈××

颜××、高×

9. 工作负责人变动情况

原工作负责人＿＿＿＿＿离去，变更＿＿＿＿＿为工作负责人。

工作票签发人：＿＿＿＿＿　　　签发时间：＿＿＿＿年＿＿月＿＿日＿＿时＿＿分

10. 工作人员变动情况（变动人员姓名、变动日期及时间）

2024 年 09 月 08 日 16 时 45 分，唐×离去，颜××加入。工作负责人：王×

2024 年 09 月 12 日 08 时 31 分，高×加入。工作负责人：王×

工作负责人签名：王×

11. 工作票延期

有效期延长到 2024 年 09 月 14 日 10 时 00 分。

工作负责人签名：王×　　　　签名时间：2024 年 09 月 13 日 15 时 02 分

工作许可人签名：邓××　　　签名时间：2024 年 09 月 13 日 15 时 14 分

12. 每日开工和收工时间（使用一天的工作票不必填写）

收工时间				工作负责人	工作许可人	开工时间				工作许可人	工作负责人
月	日	时	分			月	日	时	分		
09	08	17	43	王×	邓××	09	09	08	40	邓××	王×
09	09	17	55	王×	邓××	09	10	08	23	邓××	王×
09	10	18	27	王×	邓××	09	11	08	06	邓××	王×
09	11	18	03	王×	邓××	09	12	08	31	邓××	王×
09	12	18	14	王×	邓××	09	13	08	23	邓××	王×
09	13	17	37	王×	邓××	09	14	07	42	邓××	王×

13. 工作票终结

13.1　现场所挂的接地线编号 ××220kV-01 号、××220kV-02 号、×× 220kV-04 号、××220kV-06 号 共 4 组，已全部拆除、带回。

13.2　工作终结报告。

终结报告的方式	许可人	工作负责人签名	终结报告时间
电话报告（通信）	邓××	王×	2024 年 09 月 13 日 09 时 30 分
电话报告（电网）	邓××	王×	2024 年 09 月 14 日 09 时 52 分

14. 备注

（1）指定专责监护人 沈×× 负责监护负责监护张×、钱××、夏×× 在 220kV 盐朱 4E87 线、220kV 盐朱 4E88 线 002 号杆小号侧验电、挂拆接地；李× 负责监护宋×、陈×、肖×× 在 220kV 盐朱 4E87 线、220kV 盐朱 4E88 线 004 号杆大号侧验电、挂拆接地。沈×× 负责监护张×、钱××、夏×× 登杆组立新建 T3 杆和开环作业；李× 负责监护宋×、陈×、肖×× 登杆组立新建 N2 杆和开环作业。沈×× 负责监护张×、钱××、夏××、颜×× 在 T1-T3 登高作业；李× 负责监护宋×、陈×、肖××、高× 在 N1-N2 架线登高作业。（人员、地点及具体工作。）

（2）其他事项：

1）指定周× 为吊车指挥，负责监护吊车驾驶员叶× 进行 T3 塔组立工作；指定韩×× 为吊车指挥，负责监护吊车驾驶员吕×× 进行 N2 塔组立工作。

2）本涉及 1 个工作小组，工作有 1 份工作任务单（OPGW 光缆检修工作）。

13.【13.1 栏】 工作负责人应将现场所拆的接地线编号和数量填写齐全，并现场清点，不得遗漏。

【13.2 栏】 工作终结后，工作负责人应及时报告工作许可人。报告方法有当面报告和电话报告。报告结束后填写报告方式、时间，工作负责人、许可人签名（电话报告时代签）。工作涉及 OPGW 光缆开断，光缆工作终结后工作负责人备工作许可人并在终结报告栏填写工作终结相关信息。在终结报告的方式栏应明确电网调度终结或通信调度终结。

14.【备注】
（1）此处应明确被监护的人员、地点及具体工作内容。验电、挂拆接地工作要指定专责监护人并在备注栏填写。使用吊车的作业应在工作票备注栏指定吊车指挥。邻近带电线路等特殊环境使用吊车的应设专人监护，并在工作票备注栏指定专责监护人。
（2）专职监护人不得参加工作，如此监护人需监护其他作业，必须写明之前的监护工作已经结束，同时再次明确新的监护工作、地点和被监护人。
（3）涉及多小组工作，应在此处填写说明。如：本工作涉及×个工作小组，有×份小组任务单。工作过程中如任务单数量发生变化应及时变更。如 20××年××月××日，小组任务单数量变更为×份。
（4）其他需要交代或需要记录的事项，若无其他需要交代或记录的事项，应填写"无"。
（5）对于工作开始前，票中预安排的工作班成员，如未能在开工时参与现场安全交底，整体作业开工时，需在备注栏对相关情况说明，如"工作班成员×××作业开工时，未到场参与工作。"无需在工作票"工作人员变动情况"栏进行人员变动。相关预安排人员实际参与现场作业时，应在备注栏对相关情况说明，如"××××年××月××日××时××分，××、××已接受安全交底并签字，可参与现场工作"。

电力线路工作任务单

单　位：××××集团有限公司　　工作票编号：Ⅰ202409001　　编　号：<u>01</u>

1. 工作负责人：<u>王×</u>

2. 小组负责人：<u>张×</u>　　　　小组名称：<u>光缆施工一组</u>

小组成员：

<u>钱××、夏××、宋×、陈×、肖××。</u>

共 <u>5</u> 人

3. 工作的线路或设备双重名称

<u>220kV 盐朱 4E87 线（左线，白色）；220kV 盐朱 4E88 线（右线，红色）。</u>

4. 工作任务

工作地点或地段（注明线路名称，起止杆号）	工作内容
220kV 盐朱 4E87 线 T3、N2（新建）	220kV 盐朱 4E87 线原 002～003 号 OPGW 光缆开断和新建 T1～T3 号、N1～N2 号 OPGW 光缆熔接
220kV 盐朱 4E88 线 T3、N2（新建）	220kV 盐朱 4E88 线原 002～003 号 OPGW 光缆开断和新建 T1～T3 号、N1～N2 号 OPGW 光缆熔接

5. 计划工作时间

自 <u>2024</u> 年 <u>09</u> 月 <u>12</u> 日 <u>11</u> 时 <u>30</u> 分至 <u>2024</u> 年 <u>09</u> 月 <u>13</u> 日 <u>10</u> 时 <u>00</u> 分。

6. 注意事项（安全措施，必要时可附页绘图说明）

（1）工作前，应认真核对作业线路双重名称、杆塔号、色标并确认无误后方可攀登。

（2）作业前作业人员应认真检查安全工器具良好，工作中应正确使用。高处作业、上下杆塔或转移作业位置时不得失去安全保护。

（3）高处作业应一律使用工具袋。较大的工具应使用绳子拴在牢固的构件上。上下传递物品使用绳索，不得上下抛掷。

（4）作业点下方按坠落半径设置围栏。

（5）工作负责人应得到输电运检设备主人许可，未经许可不得开断光缆。

（6）应检查确认 OPGW 光缆名称、所属线路、芯数等要素，按照光路预断、二次敲缆、光缆复验的方法，确认 OPGW 光缆无误。

工作任务单签发人签名：余×　　2024 年 09 月 12 日 12 时 00 分

小组负责人签名：张×　　2024 年 09 月 12 日 12 时 10 分

7. 确认本工作票面 1～6 项，许可工作开始

许可方式	许可人	小组负责人签名	许可工作的时间
当面通知	王×	张×	2024 年 09 月 12 日 12 时 20 分

8. 现场交底，小组成员确认小组工作负责人布置的工作任务、人员分工、安全措施和注意事项并签名：

钱××、夏××、宋×、陈×、肖××

9. 小组工作于 2024 年 09 月 13 日 09 时 15 分结束，现场临时安全措施已拆除，材料、工具已清理完毕，小组人员已全部撤离。

工 作 终 结 报 告

终结报告方式	许可人签名	小组负责人签名	终结报告时间
当面报告	王×	张×	2024 年 09 月 13 日 09 时 20 分
备注：无。			

2.2　220kV 输电线路光缆三跨改造

一、作业场景情况

（一）工作场景

220kV 艾黄 2E65 线、艾黄 2E66 线同塔架设，220kV 艾黄 2E65 线 015～016 号档跨越某高速公路改造，015 号塔 OPGW 光缆由悬垂改直通耐张。本次作业 220kV 艾黄 2E65 导、地线停电，另一回艾黄 2E66 线带电运行。

周边环境：工作地段位于高速公路路边农田内，无影响施工的其他环境因素。

（二）工作任务

光缆改造：220kV 艾黄 2E65 线 015 号塔 OPGW 光缆由悬垂改成直通耐张。

（三）停电范围

220kV 艾黄 2E65 线（红底白字）。

保留带电部位：同塔架设 220kV 艾黄 2E66 线（黄底绿字）。

（四）票种选择建议

电力线路第一种工作票。

（五）人员分工及安排

参与本次工作的共 5 人（含工作负责人），使用线路第一种工作票，具体分工为：

刘×（工作负责人）：依据《安规》履行工作负责人安全职责。

朱×、逄××（工作班成员）：塔上光缆改造作业。

陈××（工作班成员）：地面辅助。

徐××（专责监护人）：负责对朱×、逄××在 220kV 艾黄 2E65 线 015 号塔验电、挂拆接地及光缆改造进行监护。

（六）场景接线图

220kV 输电线路光缆三跨改造场景接线图见图 2-2。

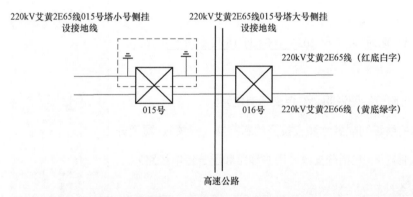

图 2-2　220kV 输电线路光缆三跨改造场景接线图

二、工作票样例

<table>
<tr><td>

线路第一种工作票

单　位：<u>××××集团有限公司</u>

停电申请单编号：<u>输电运检中心 202403005</u>　　编　号：<u>Ⅰ 202403001</u>

1. 工作负责人：<u>刘×</u>　　班　组：<u>线路二班</u>

</td></tr>
</table>

【票种选择】本次作业为 OPGW 光缆三跨改造，改造期间线路停电，故使用输电线路第一种工作票，OPGW 光缆消缺等工作需要线路陪停的参照执行。

单位栏应填写工作负责人所在的单位名称；系统开票编号栏由系统自动生成；系统故障时，手工填写时应遵循：单位简称+××××（年份）××（月份）+×××。

1.【班组】对于包含工作负责人在内有两个及以上的班组人员共同进行的工作，应填写"综合班组"。

2. 工作班人员（不包括工作负责人）

输电分公司线路二班：朱×、逢××、徐××、陈××。

共 4 人

3. 工作的线路或设备双重名称（多回路应注明双重称号、色标、位置）

220kV 艾黄 2E65 线全线（左线，红色）。

4. 工作任务

工作地点或地段（注明分、支线路名称、线路的起止杆号）	工作内容
220kV 艾黄 2E65 线 015 号	OPGW 光缆由悬垂改耐张

5. 计划工作时间

自 2024 年 03 月 15 日 08 时 00 分至 2024 年 03 月 15 日 17 时 30 分。

6. 安全措施（必要时可附页绘图说明，红色表示有电）

6.1 应改为检修状态的线路间隔名称和应拉开的断路器（开关）、隔离开关（刀闸）、熔断器（保险）（包括分支线、用户线路和配合停电线路）：

220kV 艾黄 2E65 线全线转为检修状态。

6.2 保留或邻近的带电线路、设备：

220kV 艾黄 2E65 线（左线，红色）015 号同塔架设的 220kV 艾黄 2E66 线（右线，黄色）015 号带电运行。

6.3 其他安全措施和注意事项：

（1）工作前应发给作业人员相应线路的识别标记（红色）。

（2）作业人员登杆塔前应核对停电检修线路的识别标记和线路名称、杆号无误后，方可攀登。登杆塔至横担处时，应再次核对停电线路的识别标记与双重称号，确认无误后方可进入停电线路侧横担。

6.【6.1 栏】若全线（主线和支线）停电，填写"××kV××线全线转为检修状态"即可，无需再区分主线和支线。
【6.2 栏】应填写双重称号和带电线路、设备的电压等级。没有填写"无"。
【6.3 栏】第 1～2 条为防误登杆塔，第 3 条为防高处坠落，第 4～6 条为防物体打击，第 7～8 条为防触电，第 9～11 条为注意事项。
结合现场实际添加相应的安全措施：
【防误登杆塔】若存在同杆架设多回线路中部分线路停电的工作，登杆塔至横担处时，应再次核对停电线路的识别标记与双重称号，确实无误后方可进入停电线路侧横担。
【防触电】工作地段如有邻近（水平距离 50m 范围内）、平行（水平距离 50m 范围内）、交叉跨越及同杆架设线路，邻近或交叉其他电力线工作人体、导线、施工机具等与带电导线安全距离符合《安规》表 4 规定。多日工作时，应补充"多日工作，次日恢复工作前应派专人检查接地线完好并经许可后方可工作"。
【防物体打击】若在城区、人口密集区地段或交通道口和通行道路上施工时，工作场所周围应装设遮栏（围栏），并在相应部位装设标示牌。必要时，派专人看管。

（3）作业前作业人员应认真检查安全工器具良好，工作中应正确使用。高处作业、上下杆塔或转移作业位置时不得失去安全保护。

（4）高处作业应一律使用工具袋。较大的工具应使用绳子拴在牢固的构件上。上下传递物品使用绳索，不得上下抛掷。

（5）作业点下方按坠落半径设置围栏。

（6）应设置防止光缆脱落的后备保护措施。

（7）人体不准碰触接地线和未接地的导地线。塔上作业人员应使用个人保安线。

（8）人体、导线、施工机具等应与邻近的 220kV 带电线路保持不小于 4m 的安全距离。

（9）在 5 级及以上的大风以及暴雨、雷电、冰雹、大雾、沙尘暴等恶劣天气下，应停止露天高处作业。

（10）严格按照已批准的作业方案执行。

（11）现场未经输电运检设备主人许可，作业人员不得开工。

6.4 应挂的接地线，共 _2_ 组。

挂设位置（线路名称及杆号）	接地线编号	挂设时间	拆除时间
220kV 艾黄 2E65 线 015 号塔大号侧	××220kV－01 号	2024 年 03 月 15 日 08 时 40 分	2024 年 03 月 15 日 15 时 53 分
220kV 艾黄 2E65 线 015 号塔小号侧	××220kV－02 号	2024 年 03 月 15 日 08 时 56 分	2024 年 03 月 15 日 16 时 12 分

工作票签发人签名：<u>余×</u>　　<u>2024</u> 年<u>03</u> 月<u>14</u> 日<u>16</u> 时<u>23</u> 分

工作票会签人签名：<u>耿××</u>　　<u>2024</u> 年<u>03</u> 月<u>14</u> 日<u>16</u> 时<u>35</u> 分

工作票会签人签名：_____　　____年___月___日___时___分

工作负责人签名：<u>刘×</u>　　<u>2024</u> 年<u>03</u> 月<u>14</u> 日<u>15</u> 时<u>07</u> 分收到工作票

【6.4 栏】
（1）接地线编号、挂设时间、拆除时间应手工填写在工作负责人所持工作票上。挂设时间在许可时间后，拆除时间在终结时间前。接地线编号中"××"为单位简称。接地线编号应写明电压等级，具体编号不重号即可。
（2）第一种工作票签发和收到时间应为工作前一天（紧急抢修、消缺除外）。运维人员收到工作票后，对工作票审核无误后，填写收票时间并签名。
（3）承发包工程中，工作票应实行"双签发"形式。签发工作票时，双方工作票签发人在工作票上分别签名，各自承担《安规》工作票签发人相应的安全责任。

7. 确认本工作票 1～6 项，许可工作开始

许可方式	许可人	工作负责人签名	许可开始工作时间
电话下达	邓××	刘×	2024 年 03 月 15 日 08 时 31 分
			年　月　日　时　分

8. 现场交底，工作班成员确认工作负责人布置的工作任务、人员分工、安全措施和注意事项并签名：

朱×、逄××、徐××、陈××、严××

_____

9. 工作负责人变动情况

原工作负责人_____离去，变更_____为工作负责人。

工作票签发人：_____　**签发时间：**_____年___月___日___时___分

10. 工作人员变动情况（变动人员姓名、变动日期及时间）

2024 年 03 月 15 日 12 时 45 分，逄××离去，严××加入。工作负责人：刘×

工作负责人签名：刘×

11. 工作票延期

有效期延长到_____年___月___日___时___分。

工作负责人签名：_____　**签名时间：**_____年___月___日___时___分

工作许可人签名：_____　**签名时间：**_____年___月___日___时___分

12. 每日开工和收工时间（使用一天的工作票不必填写）

收工时间				工作负责人	工作许可人	开工时间				工作许可人	工作负责人
月	日	时	分			月	日	时	分		

7.【许可工作开始】许可方式：当面通知、电话下达、派人送达。许可开始工作时间不应早于计划工作开始时间。

8.【现场交底签名】所有工作班成员在明确了工作负责人、专责监护人交待的工作任务、人员分工、安全措施和注意事项后，在工作负责人所持工作票上签名，不得代签。

9.【工作负责人变动情况】经工作票签发人同意，在工作票上填写离去和变更的工作负责人姓名及变动时间，同时通知全体作业人员及工作许可人；如工作票签发人无法当面办理，应通过电话通知工作许可人，由工作许可人和原工作负责人在各自所持工作票上填写工作负责人变更情况，并代工作票签发人签名。
工作负责人的变动必须是在该工作票许可之后，如在工作票许可之前需变更工作负责人，则应由工作票签发人重新签发工作票。

10.【工作人员变动情况】经工作负责人同意，工作人员方可新增或离开。新增人员应在工作负责人所持工作票第 8 栏签名确认后方可参加工作。本处由工作负责人负责填写。班组人员每次发生变动，工作负责人都要签字。人员变动情况填写格式：××××年××月××日××时××分，××、××加入（离去）

11.【工作票延期】工作需延期，应在工作计划结束时间前由工作负责人向工作许可人提出申请，办理延期手续。对于需经调度许可的工作，工作许可人还应得到调度许可后，方可与工作负责人办理工作票延期手续。工作票只能延期一次。

12.【每日开工和收工时间】工作负责人和工作许可人分别签名确认每日开工和收工时间。

13. 工作票终结

13.1 　现场所挂的接地线编号 ×× 220kV-01 号、×× 220kV-02 号

共 _2_ 组，已全部拆除、带回。

13.2 　工作终结报告。

终结报告的方式	许可人	工作负责人签名	终结报告时间
电话报告	邓××	刘×	2024 年 03 月 15 日 16 时 20 分
			年　月　日　时　分

14. 备注

（1）指定专责监护人 徐×× 负责监护 逢××、朱×在 220kV 艾黄 2E65

线 015 号塔验电、挂拆接地及光缆改造。（人员、地点及具体工作。）

（2）其他事项：无。

2.3　220kV 架空线路张力架线

一、作业场景情况

（一）工作场景

旗杰—淮阴 220kV 线路改造，线路本体为双回设计单回双分裂架设。本次工作采用张力架线方式更换 032～039 号耐张段导地线。

周边环境：工作地段位于农田内，无跨越铁路、公路、河流等影响施工的其他环境因素。

（二）工作任务

导地线更换：220kV 旗淮 4940 线采用张力架线方式更换 032～039 号导线。

（三）停电范围

220kV 旗淮 4940 线（蓝底白字）。

保留带电部位：033～034 号档跨越的 10kV 湖汇 125 线 008～009 号带电，已搭设跨越架并验收合格。

（四）票种选择建议

电力线路第一种工作票。

（五）人员分工及安排

本次工作有 2 个作业地点，分别在牵引场和张力场，可以采取工作任务单或设置专责监护人。本张工作票选择设置专责监护人。参与本次工作的共 35 人（含工作负责人），具体分工为：

作业地点 1（张力场）：

王×（工作负责人）：依据《安规》履行工作负责人安全职责。

胡××、段××（专责监护人）：胡××负责对张×、钱××、夏××在 032 号、033 号登塔和工作进行监护；段××负责对宋×、陈×、肖××在 034 号、035 号登塔和工作进行监护。

张×、钱××、夏××、宋×、陈×、肖××（工作班成员）：登高作业。

蒋××、刘×、吴××、唐×、汤××、朱××、田××（工作班成员）：地面辅助。

周×（工作班成员）：张力机操作手。

叶×（工作班成员）：张力场吊车驾驶员。

作业地点 2（牵引场）：

金××、魏×（专责监护人）：金××负责对孔×、水××、徐××在 038 号、039 号登塔和工作进行监护；魏×负责对姜×、谢×、章×在 036 号、037 号登塔和工作进行监护。

孔×、水××、徐××、姜×、谢×、章×（工作班成员）：登高作业。

潘××、葛×、奚××、彭×、苗××、袁××、孙×（工作班成员）：地面辅助。

韩××（工作班成员）：牵引机操作手。

吕××（工作班成员）：吊车驾驶员。

（六）场景接线图

220kV 架空线路张力架线场景接线图见图 2-3。

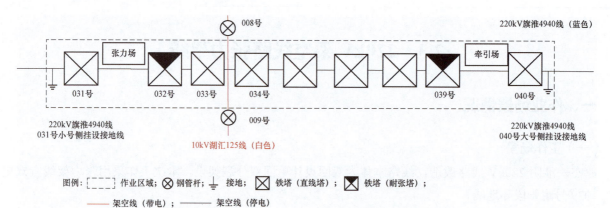

图例：┌┄┐ 作业区域；⊗ 钢管杆；⏚ 接地；▨ 铁塔（直线塔）；◪ 铁塔（耐张塔）；

—— 架空线（带电）；—— 架空线（停电）

图 2-3　220kV 架空线路张力架线场景接线图

二、工作票样例

线路第一种工作票

单　位：××××集团有限公司

停电申请单编号：输电运检中心 202409004　　编　号：Ⅰ202409003

1. 工作负责人：王×　　**班　组：**综合班组

【票种选择】本次作业为架空输电线路停电作业，使用线路第一种工作票。

单位栏应填写工作负责人所在的单位名称；系统开票编号栏由系统自动生成；系统故障时，手工填写时应遵循：单位简称+××××（年份）××（月份）+×××。

1.【班组】对于包含工作负责人在内两个及以上的班组人员共同进行的工作，应填写"综合班组"。

2. 工作班人员（不包括工作负责人）

输电分公司线路一班：胡××、段××、周×、金××、魏×、韩×
×；共 6 人。

××××送变电工程公司：张×、钱××、夏××、宋××、陈×、肖
××、蒋××、刘×、吴××、唐×、汤××、朱××、田××、孔×、
水××、徐××、姜×、谢×、章×、潘××、葛×、奚××、彭×、苗
××、袁××、孙×；共 26 人。

××电力起重有限公司：叶×、吕××；共 2 人。

共 _34_ 人

3. 工作的线路或设备双重名称（多回路应注明双重称号、色标、位置）

220kV 旗淮 4940 线全线（蓝色）。

4. 工作任务

工作地点或地段（注明分、支线路名称、线路的起止杆号）	工作内容
220kV 旗淮 4940 线 032～039 号	更换导、地线

5. 计划工作时间

自 2024 年 09 月 18 日 08 时 00 分至 2024 年 09 月 22 日 18 时 00 分。

6. 安全措施（必要时可附页绘图说明，红色表示有电）

6.1 应改为检修状态的线路间隔名称和应拉开的断路器（开关）、隔离开关（刀闸）、熔断器（保险）（包括分支线、用户线路和配合停电线路）：

220kV 旗淮 4940 线全线转为检修状态。

6.2 保留或邻近的带电线路、设备：

220kV 旗淮 4940 线（蓝色）033～034 号跨越的 10kV 湖汇 125 线（白色）008～009 号带电运行。

2.【工作班人员】人员应取得准入资质，安排的人员应进行承载力分析，确保人数适当、充足；如有特种作业应安排具备相应资质的特种作业人员。不同单位需分行填写。
【共×人】不包括工作负责人。

3.【工作的线路或设备双重名称】填写线路电压等级及名称、检修设备的名称和编号，需覆盖全面，不得缺项。单回路不用标注位置、色标。如果单回工作线路现场存在邻近、平行、交叉跨越的线路，应填写线路色标。

4.【工作任务】不同地点的工作应分行填写；工作地点与工作内容一一对应。

5.【计划工作时间】填写计划检修起始时间和结束时间，该时间应在调度批准的检修时间段内。

6.【6.1栏】若全线（主线和支线）停电，填写"××kV××线全线转为检修状态"即可，无需再区分主线和支线。

【6.2栏】应填写双重称号和带电线路、设备电压等级。没有填写"无"。

6.3　其他安全措施和注意事项：

（1）工作前，应认真核对作业线路双重名称、杆塔号、色标并确认无误。

（2）作业前作业人员应认真检查安全工器具良好，工作中应正确使用。高处作业、上下杆塔或转移作业位置时不得失去安全保护。

（3）平衡挂线时，不得在同一相邻耐张段的同相（极）导线上进行其他作业。

（4）高处作业应一律使用工具袋。较大的工具应使用绳子拴在牢固的构件上。上下传递物品使用绳索，不得上下抛掷。

（5）作业点下方按坠落半径设置围栏。

（6）链条葫芦、手扳葫芦、吊钩式滑车等装置的吊钩和起重作业使用的吊钩应有防止脱钩的保险装置。

（7）禁止采用突然剪断导地线的做法松线。导线高空锚线应设置二道保护措施。

（8）次日恢复工作前应派专人检查接地线完好并经许可后方可工作。

（9）耐张塔挂线前，应将耐张绝缘子串短接。

（10）作业人员不得在跨越架内侧攀登、作业，不得从封顶架上通过。

（11）人体、导线施工机具等应与跨越的 10kV 带电线路保持不小于 1m 安全距离。

（12）吊车应可靠接地，起吊时应设专人指挥，指挥信号应清晰准确。在起吊过程中严禁人员在吊臂下方通过、逗留。

（13）起重机作业前应支好全部支腿，支腿应加枕木且布设稳固后方可工作。枕木不得少于两根且长度不得小于 1.2m。

（14）运行时牵引机、张力机进出口前方不得有人通过。各转向滑车围成的区域内侧禁止有人。受力钢丝绳的周围、上下方、转向滑车内角侧、吊臂和起吊物的下面，不得有人逗留和通过。吊物上不可站人，作业人员不得利用吊钩上升或下降。

（15）绞磨应放置平稳，锚固可靠，受力前方不得有人，牵引绳在卷筒上不准少于 5 圈。拉磨尾绳人员不少于 2 人，应站在锚桩后面且不准在绳圈内。

（16）在 5 级及以上的大风以及暴雨、雷电、冰雹、大雾、沙尘暴等恶劣天气下，应停止露天高处作业。

【6.3 栏】第 1 条为防误登杆塔，第 2～3 条为防高处坠落，第 4～7 条为防物体打击，第 8～11 条为防触电，第 12～15 条为防机械伤害，第 16～18 条为注意事项。

结合现场实际添加相应的安全措施：

【防触电】工作地段如有邻近（水平距离 50m 范围内）、平行（水平距离 50m 范围内）、交叉跨越及同杆架设线路，邻近或交叉其他电力线工作人体、导线、施工机具等与带电导线安全距离符合《安规》表 4 规定。作业时，起重机臂架、吊具、辅具、钢丝绳及吊物等与架空输电线及其他带电体的最小安全距离不准小于《安规》表 19 的规定，且应设专人监护。

【有限空间】有限空间作业前应"先通风、再检测、后作业"，机械通风时间不低于 30min。有限空间作业应在入口设置专责监护人。作业现场应配备使用气体检测仪、呼吸器、通风机等安全防护装备和应急救援装备。在门口、井口、围栏规范设置有限空间安全风险告知牌及安全警示标识。

（17）跨越架应经现场监理及使用单位验收合格后方可使用，并挂验收合格牌。跨越架上应悬挂醒目的警告标志及夜间警示装置。

（18）严格按照已批准的作业方案执行。

6.4　应挂的接地线，共 2 组。

挂设位置（线路名称及杆号）	接地线编号	挂设时间	拆除时间
220kV 旗淮 4940 线 031 号杆小号侧	××220kV-01 号	2024 年 09 月 18 日 09 时 27 分	2024 年 09 月 22 日 15 时 30 分
220kV 旗淮 4940 线 040 杆大号侧	××220kV-02 号	2024 年 09 月 18 日 09 时 32 分	2024 年 09 月 22 日 15 时 45 分

工作票签发人签名：余×　　　　2024 年 09 月 17 日 08 时 55 分

工作票会签人签名：耿××　　　2024 年 09 月 17 日 10 时 33 分

工作票会签人签名：　　　　　　　年　月　日　时　分

工作负责人签名：王×　　　　2024 年 09 月 17 日 13 时 47 分收到工作票

7. 确认本工作票 1～6 项，许可工作开始

许可方式	许可人	工作负责人签名	许可开始工作时间
电话下达	管××	王×	2024 年 09 月 18 日 09 时 03 分
			年　月　日　时　分

8. 现场交底，工作班成员确认工作负责人布置的工作任务、人员分工、安全措施和注意事项并签名：

胡××、段××、周×、金××、魏×、韩××

张×、钱××、夏××、宋×、陈×、肖××、蒋××、刘×、吴××、唐×、汤××、朱××、田××、孔×、水××、徐××、姜×、谢×、章×、潘××、葛×、奚××、彭×、苗××、袁××、孙×

叶×、吕××

【6.4 栏】
（1）接地线编号、挂设时间、拆除时间应手工填写在工作负责人所持工作票上。挂设时间在许可时间后，拆除时间在终结时间前。接地线编号中"××"为单位简称。接地线编号应写明电压等级，具体编号不重号即可。
（2）第一种工作票签发和收到时间应为工作前一天（紧急抢修、消缺除外）。运维人员收到工作票后，对工作票审核无误后，填写收票时间并签名。
（3）承发包工程中，工作票应实行"双签发"形式。签发工作票时，双方工作票签发人在工作票上分别签名，各自承担《安规》工作票签发人相应的安全责任。

7.【许可工作开始】许可方式：当面通知、电话下达、派人送达。许可开始工作时间不应早于计划工作开始时间。

8.【现场交底签名】所有工作班成员在明确了工作负责人、专责监护人交待的工作任务、人员分工、安全措施和注意事项后，在工作负责人所持工作票上签名，不得代签。

9. 工作负责人变动情况

原工作负责人_____离去，变更_____为工作负责人。

工作票签发人：_____　　签发时间：_____年___月___日___时___分

10. 工作人员变动情况（变动人员姓名、变动日期及时间）

2024 年 09 月 21 日 14 时 42 分，宋×离去。工作负责人：王×

　　　　　　　　　　　　　　　　　　　　　　　工作负责人签名：王×

11. 工作票延期

有效期延长到_____年___月___日___时___分。

工作负责人签名：_____　　签名时间：_____年___月___日___时___分

工作许可人签名：_____　　签名时间：_____年___月___日___时___分

12. 每日开工和收工时间（使用一天的工作票不必填写）

收工时间				工作负责人	工作许可人	开工时间				工作许可人	工作负责人
月	日	时	分			月	日	时	分		
09	18	17	43	王×	管××	09	19	08	40	管××	王×
09	19	17	55	王×	管××	09	20	08	23	管××	王×
09	20	18	17	王×	管××	09	21	08	06	管××	王×
09	21	18	03	王×	管××	09	22	08	31	管××	王×

13. 工作票终结

13.1 现场所挂的接地线编号××220kV-01 号、××220kV-02 号共 2 组，已全部拆除、带回。

9.【工作负责人变动情况】经工作票签发人同意，在工作票上填写离去和变更的工作负责人姓名及变动时间，同时通知全体作业人员及工作许可人；如工作票签发人无法当面办理，应通过电话通知工作许可人，由工作许可人和原工作负责人在各自所持工作票上填写工作负责人变更情况，并代工作票签发人签名。

工作负责人的变动必须是在该工作票许可之后，如在工作票许可之前需变更工作负责人，则应由工作票签发人重新签发工作票。

10.【工作人员变动情况】经工作负责人同意，工作人员方可新增或离开。新增人员应在工作负责人所持工作票第 8 栏签名确认后方可参加工作。本处由工作负责人负责填写。班组人员每次发生变动，工作负责人都要签字。人员变动情况填写格式：××××年××月××日××时××分，××、××加入（离去）。

11.【工作票延期】工作需延期，应在工作计划结束时间前由工作负责人向工作许可人提出申请，办理延期手续。对于需经调度许可的工作，工作许可人还应得到调度许可后，方可与工作负责人办理工作票延期手续。工作票只能延期一次。

12.【每日开工和收工时间】工作负责人和工作许可人分别签名确认每日开工和收工时间。

13.【13.1 栏】工作负责人应将现场所拆的接地线编号和数量填写齐全，并现场清点，不得遗漏。

13.2 工作终结报告。

终结报告的方式	许可人	工作负责人签名	终结报告时间
电话报告	管××	王×	2024 年 09 月 22 日 16 时 16 分
			年　月　日　时　分
			年　月　日　时　分

14. 备注

（1）指定专责监护人 胡×× 负责监护张×、钱××在 031 号塔大号侧验电、挂拆接地；金××负责监护孔×、水××在 040 号塔小号侧验电、挂拆接地。胡××负责监护张×、钱××、夏××在 032 号、033 号登塔和工作；段××负责监护宋×、陈×、肖××在 034 号、035 号登塔和工作；金××负责监护孔×、水××、徐××在 038 号、039 号登塔和工作；魏×负责监护姜×、谢×、章×在 036 号、037 号登塔和工作。

（人员、地点及具体工作。）

（2）其他事项：指定田××任张力场（032 号塔侧）吊车指挥，监护吊车驾驶员叶×进行线盘吊装工作；孙×任牵引场（039 号塔侧）吊车指挥，监护吊车驾驶员吕××进行线盘吊装工作。

【13.2 栏】工作终结后，工作负责人应及时报告工作许可人。报告方法有当面报告和电话报告。报告结束后填写报告方式、时间，工作负责人、许可人签名（电话报告时代签）。

【14.【备注】

（1）此处应明确被监护的人员、地点及具体工作内容。验电、挂拆接地工作要指定专责监护人并在备注栏填写。使用吊车的作业应在工作票备注栏指定吊车指挥。邻近带电线路等特殊环境使用吊车的应设专人监护，并在工作票备注栏指定专责监护人。

（2）专职监护人不得参加工作，如此监护人需监护其他作业，必须写明之前的监护工作已经结束，同时再次明确新的监护工作、地点和被监护人。

（3）涉及多小组工作，应在此处填写说明。如：本工作涉及××个工作小组，有××份小组任务单。工作过程中如任务单数量发生变化应及时变更。如 20××年××月××日，小组任务单数量变更为×份。

（4）其他需要交代或需要记录的事项，若无其他需要交代或记录的事项，应填写"无"。

（5）对于工作开始前，票中预安排的工作班成员，如未能在开工时参与现场安全交底的，整体作业开工时，需在备注栏对相关情况说明，如"工作班成员×××作业开工时，未到现场参与工作。"无需在工作票"工作人员变动情况"栏进行人员变动。相关预安排人员实际参与现场作业时，应在备注栏对相关情况说明，如"××××年××月××日××时××分，××、××已接受安全交底并签字，可参与现场工作"。

2.4　220kV 输电线路导地线架设跨越 35kV 线路陪停

一、作业场景情况

（一）工作场景

基建工程天润金湖风电升压站～红湖变 220kV 线路 G2～G9 张力架线施工，跨越 35kV 红兆 363 线 047～048 号。35kV 红兆 363 线配合停电。

周边环境：工作地段位于农田内，无跨越铁路、公路、河流等影响施工的其他环境因素。

（二）工作任务

跨越线路陪停：松落 35kV 红兆 363 线 046～048 号地线和上相导线至下相横担。

（三）停电范围

35kV 红兆 363 线。

保留带电部位：无。

（四）票种选择建议

电力线路第一种工作票。

（五）人员分工及安排

参与本次工作的共 9 人（含工作负责人），使用线路第一种工作票，具体分工为：

韩××（工作负责人）：依据《安规》履行工作负责人安全职责。

刘×、雷×、黄××、何×（工作班成员）：塔上高处作业。

江××、陈××（工作班成员）：地面辅助。

杨××、胡××（专责监护人）：杨××负责对刘×、雷×在 35kV 红兆 363 线 048 号塔登塔和工作进行监护。胡××负责对黄××、何×在 35kV 红兆 363 线 046 号塔登塔和工作进行监护。

（六）场景接线图

220kV 输电线路导地线架设跨越 35kV 线路陪停场景接线图见图 2-4。

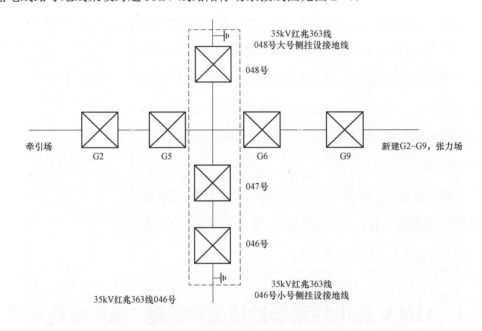

图 2-4　220kV 输电线路导地线架设跨越 35kV 线路陪停场景接线图

二、工作票样例

线路第一种工作票

单　位：××××集团有限公司

停电申请单编号：输电运检中心 202312001　　编　号：Ⅰ202312001

1. 工作负责人：韩××　　**班　组：**综合班组

2. 工作班人员（不包括工作负责人）

输电分公司线路三班：杨××、胡××；共 2 人。

×××××送变电工程公司：刘×、雷×、黄××、何×、江××、陈

××；共 6 人。

共 _8_ 人

2.【工作班人员】人员应取得准入资质，安排的人员应进行承载力分析，确保人数适当、充足；如有特种作业应安排具备相应资质的特种作业人员。不同单位需分行填写。
【共×人】不包括工作负责人。

3. 工作的线路或设备双重名称（多回路应注明双重称号、色标、位置）

35kV 红兆 363 线全线。

3.【工作的线路或设备双重名称】填写线路电压等级及名称、检修设备的名称和编号，需覆盖全面，不得缺项。单回路不用标注位置、色标。如果单回工作线路现场存在邻近、平行、交叉跨越的线路，应填写线路色标。

4. 工作任务

4.【工作任务】不同地点的工作应分行填写；工作地点与工作内容一一对应。

工作地点或地段（注明分、支线路名称、线路的起止杆号）	工作内容
35kV 红兆 363 线 046～048 号	配合天润金湖风电升压站—红湖变 220kV 线路 G2～G9 张力架线，35kV 红兆 363 线 046～048 号光缆和上相导线松落至下相横担，配合工作完成后恢复原状

5. 计划工作时间

自 2023 年 12 月 04 日 07 时 30 分至 2023 年 12 月 07 日 17 时 30 分。

5.【计划工作时间】填写计划检修起始时间和结束时间，该时间应在调度批准的检修时间段内。

6. 安全措施（必要时可附页绘图说明，红色表示有电）

6.1　应改为检修状态的线路间隔名称和应拉开的断路器（开关）、隔离开关（刀闸）、熔断器（保险）（包括分支线、用户线路和配合停电线路）：

35kV 红兆 363 线全线转为检修状态。

6.【6.1 栏】若全线（主线和支线）停电，填写"××kV××线全线转为检修状态"即可，无需再区分主线和支线。
【6.2 栏】应填写双重称号和带电线路、设备的电压等级。没有填写"无"。
【6.3 栏】第 1 条为防误登杆塔，第 2 条为防高处坠落，第 3～6 条为防物体打击，第 7 条为防触电，第 8 条为防机械伤害，第 9～10 条为注意事项。
结合现场实际添加相应的安全措施：
【防触电】工作地段如有邻近（水平距离 50m 范围内）、平行（水平距离 50m 范围内）、交叉跨越及同杆架设其他电力线工作人体、导线、施工机具等与带电导线安全距离符合《安规》表 4 规定。作业时，起重机臂架、吊具、辅具、钢丝绳及吊物等与架空输电线及其他带电体的最小安全距离不准小于《安规》表 19 的规定，且应设专人监护。

6.2　保留或邻近的带电线路、设备：

无。

6.3　其他安全措施和注意事项：

（1）工作前，应认真核对作业线路双重名称、杆塔号、色标并确认无误。

（2）作业前作业人员应认真检查安全工器具良好，工作中应正确使用。高处作业、上下杆塔或转移作业位置时不得失去安全保护。

（3）高处作业应一律使用工具袋。较大的工具应使用绳子拴在牢固的构件上。上下传递物品使用绳索，不得上下抛掷。

（4）作业点下方按坠落半径设置围栏。

（5）链条葫芦、手扳葫芦、吊钩式滑车等装置的吊钩应有防止脱钩的保险装置。

（6）导线高空锚线应设置二道保护措施。

（7）应得到天润金湖风电升压站～红湖变 220kV 线路 G2～G9 架线作业完成后的通知，方可将本线路恢复原状并拆除接地。

（8）绞磨应放置平稳，锚固可靠，受力前方不得有人，牵引绳在卷筒上不准少于 5 圈。拉磨尾绳人员不少于 2 人，应站在锚桩后面且不准在绳圈内。

（9）在 5 级及以上的大风以及暴雨、雷电、冰雹、大雾、沙尘暴等恶劣天气下，应停止露天高处作业。

（10）严格按照已批准的作业方案执行。

6.4 应挂的接地线，共 **2** 组。

挂设位置（线路名称及杆号）	接地线编号	挂设时间	拆除时间
35kV 红兆 363 线 046 号塔小号侧	××35kV–02 号	2023 年 12 月 04 日 08 时 32 分	2023 年 12 月 07 日 17 时 02 分
35kV 红兆 363 线 048 号塔大号侧	××35kV–03 号	2023 年 12 月 04 日 08 时 43 分	2023 年 12 月 07 日 17 时 11 分

工作票签发人签名：余×   2023 年 12 月 03 日 09 时 39 分

工作票会签人签名：范××   2023 年 12 月 03 日 09 时 44 分

工作票会签人签名：＿＿＿   ＿＿年＿＿月＿＿日＿＿时＿＿分

工作负责人签名：韩××   2023 年 12 月 03 日 10 时 01 分收到工作票

【6.4 栏】
（1）接地线编号、挂设时间、拆除时间应手工填写在工作负责人所持工作票上。挂设时间在许可时间后，拆除时间在终结时间前。接地线编号中"××"为单位简称。接地线编号应写明电压等级，具体编号不重号即可。
（2）第一种工作票签发和收到时间应为工作前一天（紧急抢修、消缺除外）。运维人员收到工作票后，对工作票审核无误后，填写收票时间并签名。
（3）承发包工程中，工作票应实行"双签发"形式。签发工作票时，双方工作票签发人在工作票上分别签名，各自承担《安规》工作票签发人相应的安全责任。

7. 确认本工作票 1～6 项，许可工作开始

许可方式	许可人	工作负责人签名	许可开始工作时间
电话下达	张×	韩××	2023 年 12 月 04 日 08 时 04 分
			年　月　日　时　分

7.【许可工作开始】许可方式：当面通知、电话下达、派人送达。许可开始工作时间不应早于计划工作开始时间。

8. 现场交底，工作班成员确认工作负责人布置的工作任务、人员分工、安全措施和注意事项并签名：

杨××、胡×× _____

刘×、雷×、黄××、何×、江××、陈××、吴× _____

8.【现场交底签名】所有工作班成员在明确了工作负责人、专责监护人交待的工作任务、人员分工、安全措施和注意事项后，在工作负责人所持工作票上签名，不得代签。

9. 工作负责人变动情况

原工作负责人_____离去，变更_____为工作负责人。

工作票签发人：_____　签发时间：_____年___月___日___时___分

9.【工作负责人变动情况】经工作票签发人同意，在工作票上填写离去和变更的工作负责人姓名及变动时间，同时通知全体作业人员及工作许可人；如工作票签发人无法当面办理，应通过电话通知工作许可人，由工作许可人和原工作负责人在各自所持工作票上填写工作负责人变更情况，并代工作票签发人签名。

工作负责人的变动必须是在该工作票许可之后，如在工作票许可之前需变更工作负责人，则应由工作票签发人重新签发工作票。

10. 工作人员变动情况（变动人员姓名、变动日期及时间）

2023 年 12 月 07 日 09 时 47 分，黄××离去，吴×加入。工作负责人：

韩××

工作负责人签名：韩××

10.【工作人员变动情况】经工作负责人同意，工作人员方可新增或离开。新增人员应在工作负责人所持工作票第 8 栏签名确认后方可参加工作。本处由工作负责人负责填写。班组人员每次发生变动，工作负责人都要签字。人员变动情况填写格式：×××××年××月××日××时××分，××、××加入（离去）。

11. 工作票延期

有效期延长到_____年___月___日___时___分。

工作负责人签名：_____　签名时间：_____年___月___日___时___分

工作许可人签名：_____　签名时间：_____年___月___日___时___分

11.【工作票延期】工作需延期，应在工作计划结束时间前由工作负责人向工作许可人提出申请，办理延期手续。对于需经调度许可的工作，工作许可人还应得到调度许可后，方可与工作负责人办理工作票延期手续。工作票只能延期一次。

12. 每日开工和收工时间（使用一天的工作票不必填写）

收工时间				工作负责人	工作许可人	开工时间				工作许可人	工作负责人
月	日	时	分			月	日	时	分		
12	04	17	08	韩××	张×	12	07	07	53	张×	韩××

12.【每日开工和收工时间】工作负责人和工作许可人分别签名确认每日开工和收工时间。

13. 工作票终结

13.1　现场所挂的接地线编号××35kV-02 号、××35kV-03 号 共 <u>2</u> 组，已全部拆除、带回。

13.2　工作终结报告。

终结报告的方式	许可人	工作负责人签名	终结报告时间
电话报告	张×	韩××	2023 年 12 月 07 日 17 时 20 分
			年　月　日　时　分
			年　月　日　时　分

14. 备注

（1）指定专责监护人 <u>杨××</u> 负责监护刘×、雷×在 35kV 红兆 363 线 048 号塔大号侧验电、挂拆接地和工作。胡××负责监护黄××、何×在 35kV 红兆 363 线 046 号塔小号侧验电、挂拆接地和工作。（人员、地点及具体工作。）

（2）其他事项：<u>无。</u>

13.【13.1 栏】工作负责人应将现场所拆的接地线编号和数量填写齐全，并现场清点，不得遗漏。
【13.2 栏】工作终结后，工作负责人应及时报告工作许可人。报告方法有当面报告和电话报告。报告结束后填写报告方式、时间，工作负责人、许可人签名（电话报告时代签）。

14.【备注】
（1）此处应明确被监护的人员、地点及具体工作内容。验电、挂拆接地工作要指定专责监护人并在备注栏填写。使用吊车的作业应在工作票备注栏指定吊车指挥。邻近带电线路等特殊环境使用吊车的应设专人监护，并在工作票备注栏指定专责监护人。
（2）专职监护人不得参加工作，如此监护人需监护其他作业，必须写明之前的监护工作已经结束，同时再次明确新的监护工作、地点和被监护人。
（3）涉及多小组工作，应在此处填写说明。如：本工作涉及×个工作小组，有×份小组任务单。工作过程中如任务单数量发生变化应及时变更。如 20××年××月××日，小组任务单数量变更为×份。
（4）其他需要交代或需要记录的事项，若无其他需要交代或记录的事项，应填写"无"。
（5）对于工作开始前，票中预安排的工作班成员，如未能在开工时参与现场安全交底的，整体作业开工时，需在备注栏对相关情况说明，如"工作班成员×××作业开工时，未到场参与工作。"无需在工作票"工作人员变动情况"栏进行人员变动。相关预安排人员实际参与现场作业时，应在备注栏对相关情况说明，如"××××年××月××日××时××分，××、××已接受安全交底并签字，可参与现场工作"。

2.5　110kV 朱车 744 线 77 系杆塔加固

一、作业场景情况

（一）工作场景

110kV 朱车 744 线 12 号、15 号塔 77 系杆塔加固。

周边环境：工作地段位于农田内，无跨越铁路、公路、河流等影响施工的其他环境因素。

（二）工作任务

110kV 朱车 744 线 12 号、15 号塔 77 系杆塔加固。

（1）作业场地布置；

（2）人员登杆塔、挂设上下传递绳索；

（3）加装塔材，通过工具袋、绳索传递；

（4）拆除上下传递绳索、人员下杆塔；

（5）作业场地清理。

（三）停电范围

无。

（四）票种选择建议

电力线路第二种工作票。

（五）人员分工及安排

本次工作有 2 个作业地点。参与本次工作的共 7 人（含工作负责人），具体分工为：

（1）作业点 1（12 号塔）。

耿××（工作负责人）：依据《安规》履行工作负责人安全职责。

徐××（专责监护人）：负责对项××、王××、孙××加装塔材进行监护。

项××、王××、孙××（塔上工作班成员）：加装加固塔材。

李×、张×（地面工作班成员）：地面辅助传递工器具和材料。

（2）作业点 2（15 号塔）。

耿××（工作负责人）：依据《安规》履行工作负责人安全职责。

徐××（专责监护人）：负责对项××、王××、孙××加装塔材进行监护。

项××、王××、孙××（塔上工作班成员）：加装加固塔材。

李×、张×（地面工作班成员）：地面辅助传递工器具和材料。

（六）场景接线图

110kV 朱车 744 线 77 系杆塔加固场景接线图见图 2-5。

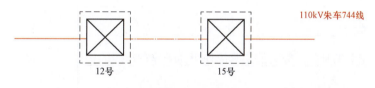

图 2-5　110kV 朱车 744 线 77 系杆塔加固场景接线图

二、工作票样例

电力线路第二种工作票

单　位：输电运检中心　　　编　号：Ⅱ 202401001

1. 工作负责人（监护人）：耿××　　　班　组：运检一班

2. 工作班人员（不包括工作负责人）

　运检一班：徐××、项××、王××、孙××、李×、张×。

共 6 人

【票种选择】本次作业为输电线路不停电检修工作，安全距离满足不小于《安规》附表 3 要求，使用输电线路第二种工作票。

单位栏应填写工作负责人所在的单位名称；系统开票编号栏由系统自动生成；系统故障时，手工填写时应遵循：单位简称+××××（年份）××（月份）+×××。

1.【班组】对于包含工作负责人在内有两个及以上的班组人员共同进行的工作，应填写"综合班组"。

2.【工作班人员】人员应取得准入资质，安排的人员应进行承载力分析，确保人数适当、充足；如有特种作业应安排具备相应资质的特种作业人员。不同单位需分行填写。
【共×人】不包括工作负责人。

3. 工作任务

线路或设备名称	工作地点、范围	工作内容
110kV 朱车 744 线	12 号、15 号	杆塔加固

3.【工作任务】不同地点的工作应分行填写；工作地点与工作内容一一对应。

4. 计划工作时间

自 2024 年 01 月 12 日 08 时 30 分至 2024 年 01 月 13 日 18 时 30 分。

4.【计划工作时间】填写计划检修起始时间和结束时间。

5. 注意事项（安全措施）

（1）工作前，应认真核对作业线路双重名称、杆塔号、色标并确认无误后方可攀登。

（2）作业前作业人员应认真检查确保安全工器具良好，工作中应正确使用。高处作业、上下杆塔或转移作业位置时不得失去安全保护。

（3）工作地点下方按坠落半径装设围栏并在围栏入口处悬挂"在此工作！""从此进出！"标示牌。

（4）高处作业应一律使用工具袋，较大的工具应使用绳子拴在牢固的构件上。

（5）上下传递物品使用绝缘无极绳索，不得上下抛掷。

（6）在带电杆塔上工作，作业人员活动范围及其所携带的工具、材料等与 220kV 带电导线需保持不小于 3.0m 的安全距离。

（7）在 5 级及以上的大风以及暴雨、雷电、冰雹、大雾、沙尘暴等恶劣天气下，应停止露天高处作业。

（8）每基杆塔加固设专人监护。

（9）严格按照已批准的作业方案执行。

工作票签发人签名：王××　2024 年 01 月 11 日 14 时 30 分

工作票会签人签名：＿＿＿＿　＿＿年＿月＿日＿时＿分

工作负责人签名：耿××　2024 年 01 月 11 日 15 时 10 分

5.【注意事项】第 1 条为防误登杆塔，第 2 条为防高处坠落，第 3～5 条为防高空落物，第 6 条为防触电，第 7～9 条为注意事项。
结合现场实际，添加相应的安全措施。
（1）工作票应提前交给工作负责人。
（2）承发包工程中，工作票应实行"双签发"形式。签发工作票时，双方工作票签发人在工作票上分别签名，各自承担《安规》工作票签发人相应的安全责任。

6. 现场交底，工作班成员确认工作负责人布置的工作任务、人员分工、安全措施和注意事项并签名：

徐××、项××、王××、孙××、李×、张×、严××

6.【现场交底签名】所有工作班成员在明确了工作负责人、专责监护人交待的工作任务、人员分工、安全措施和注意事项后，在工作负责人所持工作票上签名，不得代签。

7. 工作开始时间： <u>2024</u> 年 <u>01</u> 月 <u>12</u> 日 <u>09</u> 时 <u>00</u> 分

工作负责人签名：<u>耿××</u>

工作完工时间： <u>2024</u> 年 <u>01</u> 月 <u>13</u> 日 <u>17</u> 时 <u>10</u> 分

工作负责人签名：<u>耿××</u>

8. 工作负责人变动情况

　原工作负责人_____离去，变更_____为工作负责人。

工作票签发人签名：_____　　____年__月__日__时___分。

9. 工作人员变动情况（变动人员姓名、变动日期及时间）

　<u>2024</u> 年 <u>01</u> 月 <u>12</u> 日 <u>10</u> 时 <u>00</u> 分，<u>李×离去，严××加入。工作负责人：</u>

<u>耿××</u>

　　　　　　　　　　　　工作负责人签名：<u>耿××</u>

10. 每日开工和收工时间（使用一天的工作票不必填写）

收工时间				工作负责人	开工时间				工作负责人
月	日	时	分		月	日	时	分	
01	12	18	50	耿××	01	13	07	30	耿××

11. 工作票延期

　有效期延长到_____年__月__日__时___分。

12. 备注

　<u>指定专责监护人徐××负责监护项××、王××、孙××在 110kV 朱车</u>

<u>744 线 12 号、15 号塔加装加固塔材。</u>

7.【开工、完工时间】按实际时间即时填写，工作负责人应手工签名，工作开始时间不得早于工作计划开始时间，工作完工时间不得晚于工作计划完工时间。

8.【工作负责人变动情况】经工作票签发人同意，在工作票上填写离去和变更的工作负责人姓名及变动时间，同时通知全体作业人员。

9.【工作人员变动情况】经工作负责人同意，工作人员方可新增或离开。新增人员应在工作负责人所持工作票第 8 栏签名确认后方可参加工作。本处由工作负责人负责填写。班组人员每次发生变动，工作负责人都要签字。人员变动情况填写格式：××××年××月××日××时××分，××、××加入（离去）

10.【每日开工和收工时间】工作负责人签名确认每日开工和收工时间。

11.【工作票延期】办理延期手续应在有效时间尚未结束以前由工作负责人向工作票签发人提出申请，经同意后给予办理，第二种工作票只能延期一次。

12.【备注】

（1）杆塔加固可设专责监护人，明确被监护的人员、地点及具体工作内容。

（2）专职监护人不得参加工作，如此监护人需监护其他作业，必须写明之前的监护工作已经结束，同时再次明确新的监护工作、地点和被监护人。

（3）涉及多小组工作，应在此处填写说明。如：本工作涉及×个工作小组，有×份小组任务单。工作过程中如任务单数量发生变化应及时变更。如 20××年××月××日，小组任务单数量变更为×份。

（4）其他需要交代或需要记录的事项，若无其他需要交代或记录的事项，应填写"无"。

（5）对于工作开始前，票中预安排的工作班成员，如未能在开工时参与现场安全交底的，整体作业开工时，需在备注栏对相关情况说明，如"工作班成员×××作业开工时，未到场参与工作。"无需在工作票"工作人员变动情况"栏进行人员变动。相关预安排人员实际参与现场作业时，应在备注栏对相关情况说明，如"××××年××月××日××时××分，××、××已接受安全交底并签字，可参与现场工作"。

2.6 35kV 输电线路迁改工程

一、作业场景情况

（一）工作场景

本次工作为 35kV 石木 323 线 009 ～011 号升高改造工作。

周边环境：工作地段位于郊区，35kV 石木 323 线 010 ～011 号穿越 220kV 带电线路、009 ～010 号跨越 400V 带电线路，无跨越铁路、公路、河流等影响施工的环境因素。

作业时间：2024 年 2 月 27～28 日。

（二）工作任务

（1）杆塔拆除：拆除石木 323 线 009 号、010 号、011 号共 3 基杆塔。

（2）导地线拆除：拆除 008～012 号导地线。

（3）组立杆塔：新组立 T1、T2、T3、T4 杆塔 4 基。

（4）架设导地线：新架设 008～012 号导地线。

（三）停电范围

35kV 石木 323 线全线（蓝底白字）。

保留带电部位：

（1）35kV 石木 323 线 010 ～011 号穿越的 220kV 木村 4×20 线 042 ～043 号（紫底白字）、220kV 村胥 2L32 线 042 ～043 号（白底红字）带电运行。

（2）35kV 石木 323 线 009～010 号跨越的 400V 马舍村西村配电变压器 411 东线 003～004 号带电运行。

（四）票种选择建议

电力线路第一种工作票。

（五）人员分工及安排

参与本次工作的共27人（含工作负责人），根据每日工作内容，设置作业点和专责监护人，具体分工为：

（1）2024 年 2 月 27 日上午，作业面（35kV 石木 323 线 008 号小号侧、012 号大号侧验电、挂设接地线；008 号、012 号安装反向临时拉线；008 号大号侧～012 号小号侧拆除旧导地线）。

朱××（工作负责人）：依据《安规》履行工作负责人安全职责。

熊××（专责监护人）：负责监护熊××、颜××在石木 323 线 008 号小号侧验电、挂接地线；随后负责监护熊××、颜××、颜××、颜××、颜××、颜×在 008 号安装反向临时拉线；随后负责监护熊××、颜××、颜××、颜××、颜××、颜×、颜××、洪××、武××在 008 号大号侧～012 号小号侧拆除旧导地线工作。

刘××（专责监护人）：负责监护刘××、乔××在石木 323 线 012 号大号侧验电、挂接地线；随后负责监护刘××、乔××、李××、毛××、王××、成××在 012 号安装反向临时拉线；随后负责监护刘××、乔××、李××、毛××、王××、成××、胡××、张××、刘××在 008 号大号侧～012 号小号侧拆除旧导地线工作。

颜××（专责监护人）：负责在 T1～T2 跨越有电线路马舍村配电变压器出 400V 处监护拆线情况。

鲁××（专责监护人）：负责在 T2～T3 穿越有电线路 220kV 村胥 2L32 线/木村 4×20 线处监护拆线情况。

熊××、颜××、颜××、颜××、颜××、颜×、颜××、洪××、武××、刘××、乔××、李××、毛××、王××、成××、胡××、张××、刘××（工作班成员）：其中熊××、颜××、刘××、乔××首先进行 35kV 石木 323 线 008 号小号侧、012 号大号侧验电、挂设接地线工作；随后熊××、颜××、颜××、颜××、颜××、颜×、刘××、乔××、李××、毛××、王××、成××进行 008 号、012 号反向临时拉线安装工作；全部工作班成员进行 008 号大号侧～012 号小号侧旧导地线拆除工作。

（2）2024 年 2 月 27 日下午，作业点 1（009 号、010 号杆塔拆除）。

朱××（工作负责人）：依据《安规》履行工作负责人安全职责。

熊××（专责监护人）：负责监护熊××、颜××、颜××、颜××、颜××、颜×、颜××、颜××、洪××、武××、李××、鲁××、张××、刘××、李××、吊车驾驶员王××拆除 009 号杆塔；随后负责监护熊××、颜××、颜××、颜××、颜××、颜×、颜××、颜××、洪××、武××、李××、鲁××、张××、刘××、吊车指挥李××、吊车驾驶员王××拆除 010 号杆塔。

熊××、颜××、颜××、颜××、颜××、颜×、颜××、颜××、洪××、武××、李××、鲁××、张××、刘××、吊车指挥李××、吊车驾驶员王××（工作班成员）：进行 009 号和 010 号杆塔拆除工作。

作业点 2（011 号杆塔拆除）。

朱××（工作负责人）：依据《安规》履行工作负责人安全职责。

刘××（专责监护人）：负责监护刘××、乔××、毛××、王××、成××、胡××、吊车指挥李××、吊车驾驶员张×拆除 011 号杆塔。

刘××、乔××、毛××、王××、成××、胡××、吊车指挥李××、吊车驾驶员张×（工作班成员）：进行 011 号杆塔拆除工作。

（3）2024 年 2 月 28 日上午，作业点 1（T1、T2 杆塔组立）。

朱××（工作负责人）：依据《安规》履行工作负责人安全职责。

熊××（专责监护人）：负责监护熊××、颜××、颜××、颜××、颜××、颜×、颜××、颜××、洪××、武××、吊车指挥李××、吊车驾驶员王××组立 T1 杆塔；随后负责监护熊××、颜××、颜××、颜××、颜××、颜×、颜××、洪××、武××、吊车指挥李××、吊车驾驶员王××组立 T2 杆塔。

熊××、颜××、颜××、颜××、颜××、颜×、颜××、颜××、洪××、武××、吊车指挥李××、吊车驾驶员王××（工作班成员）：进行 T1 和 T2 杆塔组立工作。

作业点 2（T3、T4 杆塔组立）。

朱××（工作负责人）：依据《安规》履行工作负责人安全职责。

刘××（专责监护人）：负责监护刘××、乔××、李××、毛××、王××、成××、胡××、鲁××、张××、刘××、吊车指挥李××、吊车驾驶员张×组立 T4 杆塔；随后负责监护刘××、乔××、李××、毛××、王××、成××、胡××、鲁××、张××、刘××、吊车指挥李××、吊车驾驶员张×组立 T3 杆塔。

刘××、乔××、李××、毛××、王××、成××、胡××、鲁××、张××、刘××、吊车指挥李××、吊车驾驶员张×（工作班成员）：进行 T4 和 T3 杆塔组立工作。

（4）2024 年 2 月 28 日下午，作业面 1（008 号～T2 导地线展放）。

朱××（工作负责人）：依据《安规》履行工作负责人安全职责。

熊××（专责监护人）：负责监护熊××、颜××、颜××、颜××、颜××、颜×、颜××、洪××、武××进行 008 号～T2 导地线展放工作。

颜××（专责监护人）：负责在 T1～T2 跨越有电线路马舍村配电变压器出 400V 处监护放线情况。

熊××、颜××、颜××、颜××、颜××、颜×、颜××、洪××、武××（工作班成员）：负责008 号～T2 导地线展放工作。

作业面 2（T2～012 号导地线展放）。

朱××（工作负责人）：依据《安规》履行工作负责人安全职责。

刘××（专责监护人）：负责监护刘××、乔××、李××、毛××、王××、成××、胡××、张××、刘××进行 T2～012 号导地线展放工作。

鲁××（专责监护人）：负责在 T2～T3 穿越有电线路 220kV 村胥 2L32 线/木村 4×20 线处监护放线情况。

刘××、乔××、李××、毛××、王××、成××、胡××、张××、刘××（工作班成员）：负责T2～012 号导地线展放工作。

（六）场景接线图

35kV 输电线路迁改工程场景接线图见图 2-6。

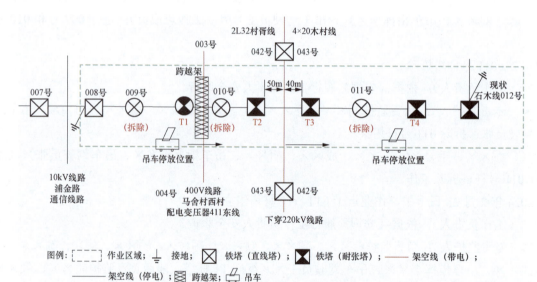

图 2-6　35kV 输电线路迁改工程场景接线图

二、工作票样例

电力线路第一种工作票

单　位：××××电力设备工程有限公司

停电申请单编号：输电运检室 202402001　　编　号：Ⅰ202402001

1. 工作负责人（监护人）： 朱××　　班　组：综合班组

2. 工作班人员（不包括工作负责人）

××××电力建设有限公司：熊××、熊××、颜××、颜××、颜×

×、颜××、颜×、颜××、颜××、洪××、鲁××、张××、武×

×、刘××、刘××、刘××、乔××、李××、毛××、王××、成×

×、胡××；共 22 人。

×××汽车运输队：李××、李××、王××、张×；共 4 人。

共　26　人

3. 工作的线路或设备双重名称（多回路应注明双重称号、色标、位置）

35kV 石木 323 线全线（蓝色）。

3.【工作的线路或设备双重名称】填写线路电压
等级及名称、检修设备的名称和编号，需覆盖全
面，不得缺项。单回路不用标注位置、色标。如
果单回工作线路现场存在邻近、平行、交叉跨越
的线路，应填写线路色标。

4. 工作任务

4.【工作任务】不同地点的工作应分行填写；工
作地点与工作内容一一对应。

工作地点或地段	工作内容
35kV 石木 323 线 009 号、010 号、011 号	拆除旧杆塔
35kV 石木 323 线 008～012 号	拆除旧导地线
35kV 石木 323 线 T1、T2、T3、T4	新建杆塔
35kV 石木 323 线 008～012 号	展放新导地线

5. 计划工作时间

自 2024 年 02 月 27 日 08 时 00 分至 2024 年 02 月 28 日 17 时 00 分。

5.【计划工作时间】填写计划检修起始时间和结
束时间，该时间应在调度批准的检修时间段内。

6. 安全措施（必要时可附页绘图说明，红色表示有电。）

6.1 应改为检修状态的线路间隔名称和应拉开的断路器（开关）、隔离开

关（刀闸）、熔断器（保险）（包括分支线、用户线路和配合停电线路）：

35kV 石木 323 线全线转为检修状态。

6.【6.1 栏】若全线（主线和支线）停电，填写
"××kV××线全线转为检修状态"即可，无需
再区分主线和支线。若工作存在需要配合停电的
线路，应在此处同步填写。如：××线转为检修
状态。

6.2 保留或邻近的带电线路、设备：

（1）35kV 石木 323 线（蓝色）010 ～011 号穿越的 220kV 木村 4×20

线（紫色）042 ～043 号、220kV 村胥 2L32 线（白色）042 ～043 号带电

运行。

（2）35kV 石木 323 线（蓝色）009 ～010 号跨越的 400V 马舍村西村配

电变压器 411 东线 003～004 号带电运行。

【6.2 栏】应填写双重称号和带电线路、设备的电
压等级。没有填写"无"。应填写同杆、邻近、平
行、跨越、穿越等可能影响作业安全的设备。

6.3　其他安全措施和注意事项：

（1）施工人员上塔前应认真核对线路双重名称及杆号、色标、位置，设专人监护。

（2）作业人员上下攀登杆塔及水平移动时不得失去保护，高空作业人员应使用双控安全带，安全带和后备保护绳应分别挂在杆塔不同部位的牢固构件上，作业移位时不得失去安全带的保护，安全带禁止低挂高用。

（3）严格按照《安规》正确验电、挂设及拆除接地线，人体、导线、施工机具与邻近带电导线保持 220kV 4m 以上、400V 1m 以上安全距离。吊车、钢丝绳、吊物与带电导线保持220kV 6m 以上、400V 1.5m 以上安全距离。正确使用个人保安线。

（4）010～011 号穿越220kV带电线路，拆旧及新展放导地线时设专人监护，防止导地线跳动与上方220kV有电线路安全距离不足；009～010 号跨越 400V 带电线路，拆旧及新展放导地线时跨越架处设专人监护，并保持信号畅通。

（5）严禁高空抛物，上下传递材料、工器具必须用绳索传递。施工区域做好安全围栏，防止非工作人员进入。

（6）高处作业应一律使用工具袋，较大的工具应使用绳子拴在牢固的构件上。

（7）吊车、绞磨等特种机械设备操作人员应持证上岗，并严格按照《安规》要求操作机械设备。受力钢丝绳周围、上下方、内角侧和吊件垂直下方禁止有人。

（8）严格执行国网"十不干"，雷暴雨天气禁止登高作业，雨天气做好防滑措施，另附已批准的"三措"一份。

6.4　应挂的接地线，共 2 组。

挂设位置（线路名称及杆号）	接地线编号	挂设时间	拆除时间
35kV 石木 323 线 008 号小号侧	××35kV-003 号	2024 年 02 月 27 日 09 时 01 分	2024 年 02 月 28 日 16 时 13 分
35kV 石木 323 线 012 号大号侧	××35kV-001 号	2024 年 02 月 27 日 08 时 57 分	2024 年 02 月 28 日 16 时 11 分

【6.3 栏】第 1 条为防误登杆措施；第 2 条为防高空坠落措施；第 3～4 条为防触电/感应电措施；第 5～6 条为防物体打击措施；第 7 条为防机械伤害措施；第 8 条为其他注意事项。
结合现场实际，添加相应的防误登、防触电伤害、防误登杆塔、防物体打击、防机械伤害及特殊气象等安全措施。

【6.4 栏】
（1）接地线编号、挂设时间、拆除时间应手工填写在工作负责人所持工作票上。挂设时间在许可时间后，拆除时间在终结时间前。接地线编号应写明电压等级，具体编号不重号即可。
（2）第一种工作票签发和收到时间应为工作前一天（紧急抢修、消缺除外）。运维人员收到工作票后，对工作票审核无误后，填写收票时间并签名。
（3）承发包工程中，工作票应实行"双签发"形式。签发工作票时，双方工作票签发人在工作票上分别签名，各自承担《安规》工作票签发人相应的安全责任。

工作票签发人签名：<u>张××</u>	签发时间：<u>2024</u> 年 <u>02</u> 月 <u>24</u> 日 <u>18</u> 时 <u>10</u> 分
工作票会签人签名：<u>万××</u>	会签时间：<u>2024</u> 年 <u>02</u> 月 <u>24</u> 日 <u>19</u> 时 <u>15</u> 分
工作负责人签名：<u>朱××</u>	<u>2024</u> 年 <u>02</u> 月 <u>25</u> 日 <u>09</u> 时 <u>30</u> 分收到工作票

7. 确认本工作票 1～6 项，许可工作开始

许可方式	许可人	工作负责人签名	许可开始工作时间
当面通知	逯××	朱××	2024 年 02 月 27 日 08 时 33 分

7.【许可工作开始】许可方式：当面通知、电话下达、派人送达。许可开始工作时间不应早于计划工作开始时间。

8. 现场交底，工作班成员确认工作负责人布置的工作任务、人员分工、安全措施和注意事项并签名：

<u>熊××、熊××、颜××、颜××、颜××、颜××、颜×、颜××、颜××、洪××、李××、李××、鲁××、张××、武××、刘××、刘××、刘××、乔××、李××、毛××、王××、成××、胡××、王××、张×</u>

8.【现场交底签名】所有工作班成员在明确了工作负责人、专责监护人交待的工作任务、人员分工、安全措施和注意事项后，在工作负责人所持工作票上签名，不得代签。

9. 工作负责人变动情况

原工作负责人_____离去，变更_____为工作负责人。

工作票签发人签名：_____　_____年___月___日___时___分

9.【工作负责人变动情况】经工作票签发人同意，在工作票上填写离去和变更的工作负责人姓名及变动时间，同时通知全体作业人员及工作许可人；如工作票签发人无法当面办理，应通过电话通知工作许可人，由工作许可人和原工作负责人在各自所持工作票上填写工作负责人变更情况，并代工作票签发人签名。
工作负责人的变动必须是在该工作票许可之后，如在工作票许可之前需变更工作负责人，则应由工作票签发人重新签发工作票。

10. 工作人员变动情况（变动人员姓名、变动日期及时间）

<u>2024</u> 年 <u>02</u> 月 <u>27</u> 日 <u>14</u> 时 <u>05</u> 分，颜××离去。工作负责人：朱××

<u>2024</u> 年 <u>02</u> 月 <u>27</u> 日 <u>16</u> 时 <u>33</u> 分，毛××离去、颜××加入。工作负责人：朱××

工作负责人签名：朱××

10.【工作人员变动情况】经工作负责人同意，工作人员方可新增或离开。新增人员应在工作负责人所持工作票第8栏签名确认后方可参加工作。本处由工作负责人填写。班组人员每次发生变动，工作负责人都要签字。人员变动情况填写格式：××××年××月××日××时××分，××、××加入（离去）。

11. 工作票延期

有效期延长到_____年___月___日___时___分。

工作负责人：_____　_____年___月___日___时___分

工作许可人：_____　_____年___月___日___时___分

11.【工作票延期】工作需延期，应在工作计划结束时间前由工作负责人向工作许可人提出申请，办理延期手续。对于需经调度许可的工作，工作许可人还应待得到调度许可后，方可与工作负责人办理工作票延期手续。工作票只能延期一次。

12. 每日开工和收工时间（使用一天的工作票不必填写）

收工时间	工作负责人	工作许可人	开工时间	工作负责人	工作许可人
2024 年 02 月 27 日 18 时 03 分	朱××	逯××	2024 年 02 月 28 日 07 时 13 分	朱××	逯××

13. 工作票终结

13.1　现场所挂的接地线编号。

　　××35kV-001 号、××35kV-003 号共 2 组，已拆除、带回。

13.2　工作终结报告。

终结报告的方式	许可人	工作负责人签名	终结报告时间
当面报告	逯××	朱××	2024 年 02 月 28 日 16 时 33 分

14. 备注

　　（1）指定专责监护人 熊×× 负责监护熊××、颜××、颜××、颜××、颜××、颜×、颜××、洪××、武×× 在 35kV 石木 323 线 008 号小号侧验电、挂设接地线，008 号安装反向临时拉线，008 ～ 012 号拆除旧导地线及 008 ～T2 新导地线展放。指定专责监护人刘×× 负责监护刘××、乔××、李××、毛××、王××、成××、胡××、张××、刘×× 在 35kV 石木 323 线 012 号大号侧验电、挂设接地线，012 号安装反向临时拉线，008 ～012 号拆除旧导地线及 T2～012 号新导地线展放。指定专责监护人颜×× 负责监护 T1～T2 跨越有电线路马舍村配电变压器出 400V 处监护拆线及展放导地线情况。指定专责监护人鲁×× 负责监护 T2～T3 穿越有电线路 220kV 村肓 2L32 线/木村 4×20 线处监护拆线及展放导地线情况。指定专责监护人熊×× 负责监护熊××、颜××、颜××、颜××、颜××、颜××、颜××、洪××、武××、李××、鲁××、张××、刘××、李××、王×× 拆除 009 号、010 号杆塔。指定专责监护人刘×× 负责监护刘××、乔××、李××、毛

12.【每日开工和收工时间】工作负责人和工作许可人分别签名确认每日开工和收工时间。

13.【13.1 栏】工作负责人应将现场所拆的接地线编号和数量填写齐全，并现场清点，不得遗漏。

【13.2 栏】工作终结后，工作负责人应及时报告工作许可人。报告方法有当面报告和电话报告。报告结束后填写报告方式、时间，工作负责人、许可人签名（电话报告时代签）。

14.【备注】
（1）此处应明确被监护的人员、地点及具体工作内容。验电、挂拆接地工作要指定专责监护人并在备注栏填写。使用吊车的作业应在工作票备注栏指定吊车指挥。邻近带电线路等特殊环境使用吊车的应设专人监护，并在工作票备注栏指定专责监护人。
（2）专职监护人不得参加工作，如此监护人需监护其他作业，必须写明之前的监护工作已经结束，同时再次明确新的监护工作、地点和被监护人。
（3）涉及多小组工作，应在此处填写说明。如：本工作涉及×个工作小组，有×份小组任务单。工作过程中如任务单数量发生变化应及时变更。如 20××年××月××日，小组任务单数量变更为×份。
（4）其他需要交代或需要记录的事项，若无其他需要交代或记录的事项，应填写"无"。
（5）对于工作开始前，票中预安排的工作班成员，如未能在开工时参与现场安全交底的，整体作业开工时，需在备注栏对相关情况说明，如"工作班成员×××作业开工时，未到场参与工作。"无需在工作票"工作人员变动情况"栏进行人员变动。相关预安排人员实际参与现场作业时，应在备注栏对相关情况说明，如"××××年××月××日××时××分，××、×× 已接受安全交底并签字，可参与现场工作"。使用工作任务单的，在"（2）其他事项"填写"本工作票有任务单××份"。

×××、王××、成××、胡××、张×拆除 011 号杆塔。指定专责监护人熊××负责监护熊××、颜××、颜××、颜××、颜××、颜×、颜×、颜××、洪××、武××、李××、王××组立 T1、T2 杆塔。指定专责监护人刘××负责监护刘××、乔××、李××、毛××、王××、成××、胡××、鲁××、张××、刘××、李××、张×组立 T3、T4 杆塔。（人员、地点及具体工作。）

（2）其他事项：指定李××为吊车指挥，负责监护吊车驾驶员王××拆旧 009 号、010 号杆塔，组立 T1、T2 杆塔；指定李××为吊车指挥，负责监护吊车驾驶员张×拆除 011 号杆塔，组立 T3、T4 杆塔。

2.7 110kV 电缆迁改工程

一、作业场景情况

（一）工作场景

本次工作为 110kV 12A3 塘姚线电缆迁改。

周边环境：工作地段位于郊区，无跨越铁路、公路、河流等影响施工的其他环境因素。

（二）工作任务

（1）电缆迁改：110kV 12A3 塘姚线分支站—姚慕变电站（以下简称姚慕变）间电缆迁改，老电缆抽出上新立杆，新立杆处新敷一回电缆改接至榭雨变电站（以下简称榭雨变），电缆头制作，核相，试验，姚慕变原 12A3 塘姚线仓位另一回电缆至榭雨变，电缆头制作，穿仓，核相，试验，搭头及封堵。

（2）拆搭电缆头：110kV 12A3 塘姚线分支站侧电缆、拆头，核相、试验、搭头；姚慕变门口北侧新立杆电缆搭头、试验。

（3）耐压试验：110kV 12A3 塘姚线分支站处进行电缆耐压试验。

（三）停电范围

110kV 12A3 塘姚线。

保留带电部位：220kV 姚慕变 110kV 正、副母线运行带电。

（四）票种选择建议

电力电缆第一种工作票。

（五）人员分工及安排

参与本次工作的共 8 人（含工作负责人），具体分工为：

作业点 1（220kV 姚慕变 110kV 12A3 塘姚线 GIS 侧）：

叶××（工作负责人）：依据《安规》履行工作负责人安全职责。

徐××（专责监护人）：责监护张××、秦××在姚慕变110kV 12A3塘姚线GIS侧电缆头制作，穿仓，核相，试验，搭头及封堵。

张××、秦××（工作班成员）：姚慕变110kV 12A3塘姚线间隔线路侧拆、搭电缆头。

作业点2（110kV 12A3塘姚线分支站）：

叶××（工作负责人）：依据《安规》履行工作负责人安全职责。

徐××（专责监护人）：负责监护张××、秦××在110kV 12A3塘姚线分支站拆、搭电缆头。

杜××（专责监护人）：负责监护石××、左××、杨×在110kV 12A3塘姚线分支站进行耐压试验操作工作。

张××、秦××（工作班成员）：110kV 12A3塘姚线分支站拆、搭电缆头。

石××、左××、杨×（工作班成员）：在110kV 12A3塘姚线分支站进行耐压试验操作工作。

（六）场景接线图

110kV电缆迁改工程场景接线图见图2-7。

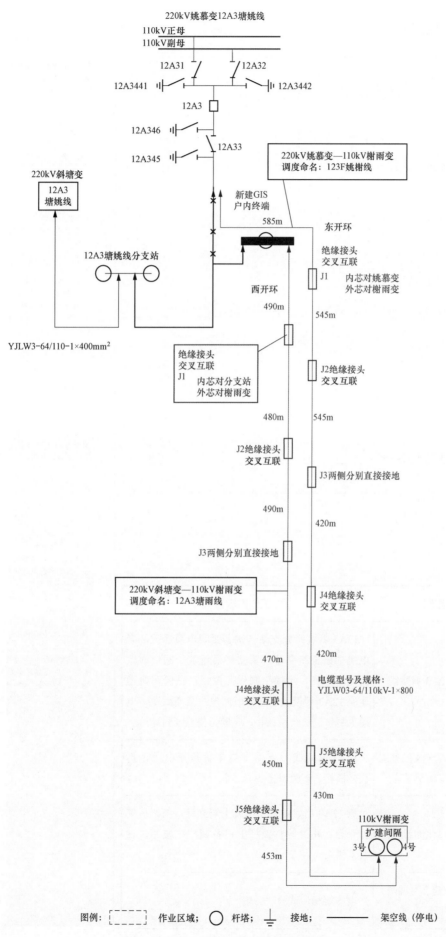

图 2-7 110kV 电缆迁改工程场景接线图

二、工作票样例

<table>
<tr><td colspan="2">

电力电缆第一种工作票

单　位：<u>电缆运检中心</u>　　停电申请单编号：<u>电缆运检中心 202402001</u>

编　号：<u>Ⅰ 202402001</u>

1. 工作负责人（监护人）：<u>叶××</u>　　班　组：<u>综合班组</u>

2. 工作班人员（不包括工作负责人）

<u>×××电力有限公司：杜××、石××、左××、杨×，共 4 人。</u>

<u>××建设有限公司：徐××、秦××、张××，共 3 人。</u>

共 <u>7</u> 人

3. 电力电缆名称

<u>220kV 姚慕变 12A3 塘姚线。</u>

4. 工作任务
</td><td>

</td></tr>
</table>

工作地点或地段	工作内容
220kV 姚慕变 12A3 塘姚线	12A3 塘姚线分支站—姚慕变间电缆迁改，老电缆抽出上新立杆，新立杆处新敷一回电缆改接至榭雨变，电缆头制作，核相，试验，姚慕变原 12A3 塘姚线仓位另一回电缆至榭雨变，电缆头制作，穿仓，核相，试验，搭头及封堵
110kV 12A3 塘姚线分支站独墅湖大道与星华街交叉	12A3 塘姚线分支站母线至姚慕变电缆、拆头，核相、试验、搭头
220kV 姚慕变门口北侧新立杆	原 12A3 塘姚线抽出电缆上新立杆，搭、拆工作平台，电缆附件及杆上设备制作，核相，试验，搭头
110kV 榭雨变扩建 2 号间隔（未投运设备）	电缆核相，试验、封堵

5. 计划工作时间

自 <u>2024</u> 年 <u>02</u> 月 <u>01</u> 日 <u>08</u> 时 <u>00</u> 分至 <u>2024</u> 年 <u>02</u> 月 <u>03</u> 日 <u>17</u> 时 <u>00</u> 分。

6. 安全措施（必要时可附页绘图说明）

（1）应拉开的设备名称、应装设绝缘挡板

变、配电站或线路名称	应拉开的断路器（开关）、隔离开关（刀闸）、熔断器以及应装设的绝缘挡板（注明设备双重名称）	执行人	已执行
220kV 姚慕变	应拉开 12A3 塘姚线开关、断开控制电源、断开储能电源、将远近控切换开关至"就地"位置	许××	√
220kV 姚慕变	应拉开 12A31、12A32、12A33 刀闸，机构上锁	许××	√

（2）应合接地刀闸或应装接地线

接地刀闸双重名称和接地线装设地点	接地线编号	执行人
220kV 姚慕变：应合上 12A345 接地刀闸	12A345	许××
220kV 姚慕变：应合上 12A346 接地刀闸	12A346	许××
110kV 12A3 塘姚分支站：应在分支站装设接地线一组	××110kV-001	叶××

（3）应设遮栏、应挂标示牌

1）220kV 姚慕变：应在 12A3 "KK" 开关操作手柄上及 12A31、12A32、12A33 刀闸操作手柄上挂"禁止合闸，线路有人工作"标示牌	许××
2）220kV 姚慕变：应在 12A3 塘姚线出线电缆终端筒体四周设临时围栏。应在以上设备悬挂"在此工作"标示牌。在围栏上悬挂适量"止步，高压危险"标示牌，字朝围栏内，在围栏出入处悬挂"在此工作""从此进出"标示牌	许××

（4）工作地点保留带电部分或注意事项（由工作票签发人填写）	（5）补充工作地点保留带电部分和安全措施（由工作许可人填写）
1）220kV 姚慕变：110kV 主母线（俗称正母）、备用母线（俗称副母）带电	无

5.【计划工作时间】填写计划检修起始时间和结束时间，该时间应在调度批准的检修时间段内。

6.【安全措施】
（1）【应拉开的设备名称、应装设绝缘挡板】线路上不涉及进入变电站内的电缆工作，可以直接填写"××kV××线转为检修状态"。变电站内和线路上均有工作时，应将变电站采取的安全措施排在前列，线路上应采取的安全措施排在后面。

（2）【应合接地刀闸或应装接地线】不涉及进入变电站内的电缆工作，可只填写由工作班组装设的工作接地线。接地线编号由工作负责人填写。变电站内和线路上均有工作时，应将变电站采取的安全措施排在前列，线路上采取的安全措施排在后面。且与本票第 2 栏顺序保持一致。接地线编号中"××"为单位简称。接地线编号应写明电压等级，具体编号不重号即可。

（3）【应设遮栏、应挂标示牌】正确选择"禁止合闸，有人工作""从此进出""在此工作"标示牌，实施人不可代签。

（4）【工作地点保留带电部分或注意事项】由工作票签发人根据现场情况，明确工作地点及周围所保留的带电部位、带电设备名称和注意事项，工作地点周围有可能误碰、误登、交叉跨越的带电部位和设备等，以及其他需要向检修人员交代的注意事项，此栏不得空白。

续表

2）使用合格的安全工器具，并正确验电挂接地	
3）电缆通道内，有多回运行电缆带电，电缆切割前须经多次确认所割电缆，施工人员戴好绝缘手套，站立在绝缘垫上，将带有接地的铁钎钉入该电缆导体上后方可施工	
4）不触及运行设备，人员及工器具材料与带电部位保持足够安全距离 220kV 大于 3.0m，110kV 大于 1.5m，20kV 大于 1.0m	
5）作业人员和工器具与 110kV 12A3 塘姚线带电设备保持不小于 1.5m 安全距离	
6）所打开的电缆井应先通风，后检测有限空间气体，合格后方可进入电缆井施工。电缆井四周应设标准围栏，设立警示牌，夜间应悬挂红色警示灯	
7）电缆试验时应得到工作负责人同意，无关人员撤离现场，试验前后应对电缆进行充分放电	
8）电缆耐压试验分相进行时，另两相电缆应接地	
9）工作前应发给作业人员相应线路的识别标记（红色）。作业人员登杆塔前应核对停电检修线路的识别标记和线路名称、杆号无误后，方可攀登。登杆塔至横担处时，应再次核对停电线路的识别标记与双重称号，确实无误后方可进入停电线路侧横担	
10）高处作业、上下杆塔或转移作业位置时不得失去安全保护	
11）高处作业应一律使用工具袋，较大的工具应使用绳子拴在牢固构件上。上下传递物品使用绝缘无极绳索，不得上下抛掷	

（5）【补充工作地点保留带电部分和安全措施】由工作许可人根据现场实际情况，提出和完善安全措施，并注明所采取的安全措施或提醒检修人员必须注意的事项，无补充内容时填写"无"。

（6）"执行人"和"已执行"栏　在工作许可时，确认对应安全措施完成后，填写执行人姓名，并在"已执行"栏内打"√"。

1）在变电站或发电厂内的电缆工作，由变电站工作许可人确认完成左侧相应的安全措施后，在双方所持工作票"执行人"栏内签名，并在"已执行"栏内打"√"。

2）在线路上的电缆工作，工作负责人应与线路工作许可人逐项核对确认安全措施完成后，在"执行人"栏内填写许可人姓名，并在"已执行"栏内打"√"。采用当面许可方式，线路工作许可人应在"执行人"栏内亲自签名。

3）由检修班组自行装设的接地线或合入的接地刀闸，由工作负责人填写实际执行人姓名，并在"已执行"栏内打"√"。

（7）第一种工作票签发和收到时间应为工作前一天（紧急抢修、消缺除外）。运维人员收到工作票后，对工作票审核无误后，填写收票时间并签名。

（8）承发包工程中，工作票应实行"双签发"形式。签发工作票时，双方工作票签发人在工作票上分别签名，各自承担《安规》工作票签发人相应的安全责任。

工作票签发人签名：<u>杨×</u>　　　<u>2024</u> 年 <u>01</u> 月 <u>30</u> 日 <u>09</u> 时 <u>30</u> 分

工作票会签人签名：<u>庄××</u>　　　<u>2024</u> 年 <u>01</u> 月 <u>30</u> 日 <u>09</u> 时 <u>50</u> 分

工作票会签人签名：_____　　　____年___月___日___时___分

7. 确认本工作票 1～6 项

工作负责人签名：<u>叶××</u>

8. 补充安全措施

（1）耐压试验时两端应封闭围栏入口，并在围栏上向外悬挂"止步，高压危险"标示牌。

（2）耐压试验时，加压端严禁无关人员进入试验场地，另一端应派人看守。

工作负责人签名：<u>叶××</u>

9. 工作许可

（1）在线路上的电缆工作。

工作许可人 <u>王××</u> 用 <u>电话</u> 方式许可。

自 <u>2024</u> 年 <u>02</u> 月 <u>01</u> 日 <u>09</u> 时 <u>00</u> 分起开始工作。

工作负责人签名：<u>叶××</u>

（2）在变电站或发电厂内的电缆工作。

安全措施项所列措施中 <u>220kV 姚慕变</u> （变、配电站/发电厂）部分已执行完毕。

工作许可时间 <u>2024</u> 年 <u>02</u> 月 <u>01</u> 日 <u>08</u> 时 <u>45</u> 分。

工作许可人签名：<u>许××</u>　　　工作负责人签名：<u>叶××</u>

10. 现场交底，工作班成员确认工作负责人布置的工作任务、人员分工、安全措施和注意事项并签名：

<u>杜××、石××、左××、杨×、徐××、秦××、张××</u>

7.【确认签名】工作负责人确认本工作票 1～6 项后签名。

8.【补充安全措施】工作负责人根据工作任务、现场实际情况、工作环境和条件、其他特殊情况等，填写工作过程中存在的主要危险点和防范措施。危险点及防范措施要具体明确。只填写在工作负责人收执的工作票上。特别要强调各作业点（变电站、配电所、线路）工作班之间的相互联系，如电缆涉及试验时，对其他作业人员是否停止作业的控制等措施。

9.【工作许可】
（1）【在线路上的电缆工作】若停电线路作业还涉及其他单位配合停电的线路时，工作负责人应在得到指定的配合停电设备运行管理单位联系人通知这些线路已停电和接地，并履行工作许可书面手续后，才可开始工作。
（2）【在变电站或发电厂内的电缆工作】若工作涉及两个及以上变电站时，应增加变电站许可栏目，由工作负责人分别与对应站履行相应许可手续。

10.【现场交底签名】所有工作班成员在明确了工作负责人、专责监护人交待的工作任务、人员分工、安全措施和注意事项后，在工作负责人所持工作票上签名，不得代签。

11. 每日开工和收工时间（使用一天的工作票不必填写）

收工时间				工作负责人	工作许可人	开工时间				工作许可人	工作负责人
月	日	时	分			月	日	时	分		

12. 工作票延期

有效期延长到_____年___月___日___时___分。

工作负责人签名：_____　　　　_____年___月___日___时___分

工作许可人签名：_____　　　　_____年___月___日___时___分

13. 工作负责人变动

原工作负责人_____离去，变更_____为工作负责人。

工作票签发人：_____　　　_____年___月___日___时___分

14. 作业人员变动（变动人员姓名、日期及时间）

2024 年 02 月 02 日 13 时 53 分，石××、左××离开。

2024 年 02 月 02 日 16 时 01 分，石××、左××加入。

工作负责人签名：叶××

15. 工作终结

（1）在线路上的电缆工作。

作业人员已全部撤离，材料工具已清理完毕，工作终结；所装的工作接地线共 1 副已全部拆除，于 2024 年 02 月 03 日 16 时 00 分工作负责人向工作许可人 王×× 用 电话 方式汇报。

工作负责人签名：叶××

（2）在变、配电站或发电厂内的电缆工作。

在 220kV 姚慕变 （变、配电站/发电厂）工作于 2024 年 02 月 03 日 16 时 20 分结束，设备及安全措施已恢复至开工前状态，作业人员已全部撤离，材料工具已清理完毕。

右侧注释：

11.【每日开工和收工时间】对有人值班变电站的检修工作，每日收工，应清扫工作地点，开放已封闭的通路，并将工作票交回运行人员。次日复工时，应得到工作许可人的许可，取回工作票，工作负责人必须重新认真检查安全措施是否符合工作票的要求，并召开现场站班会后，方可工作。若无工作负责人或专责监护人带领，工作人员不得进入工作地点。对无人值班变电站的检修工作，当日收工时，工作负责人应电话告知运行班组值班员当日工作收工，双方分别在各自所持的工作票的相应栏内填写时间、姓名。次日复工前，工作负责人应检查安全措施完好、与运行班组值班员电话联系，在得到许可后，工作许可人、工作负责人分别在各自所持工作票相应栏内填写开工时间、姓名后方可开始工作。

12.【工作票延期】工作需延期，应在工作计划结束时间前由工作负责人向工作许可人提出申请，办理延期手续。对于需经调度许可的工作，工作许可人还应得到调度许可后，方可与工作负责人办理工作票延期手续。工作票只能延期一次。

13.【工作负责人变动情况】经工作票签发人同意，在工作票上填写离去和变更的工作负责人姓名及变动时间，同时通知全体作业人员及工作许可人；如工作票签发人无法当面办理，应通过电话通知工作许可人，由工作许可人和原工作负责人在各自所持工作票上填写工作负责人变更情况，并代工作票签发人签名。

工作负责人的变动必须是在该工作票许可之后，如在工作票许可之前需变更工作负责人，则应由工作票签发人重新签发工作票。

14.【作业人员变动情况】经工作负责人同意，工作人员方可新增或离开。新增人员应在工作负责人所持工作票第 8 栏签名确认后方可参加工作。本处由工作负责人填写。班组人员每次发生变动，工作负责人都要签字。人员变动情况填写格式：××××年××月××日××时××分，××、××加入（离去）。

15.【工作终结】

（1）对于电缆工作所涉及的线路，工作负责人与线路工作许可人（停送电联系人或调度）办理工作终结手续。工作负责人、工作许可人双方在工作票的工作终结栏相应处签名。如果工作终结手续是以电话方式办理，则由工作负责人在自己手中的工作票上代线路工作许可人签名。

（2）对于在变电站、配电所内进行的工作，工作负责人应会同工作许可人（值班人员）共同组织验收。在验收结束前，双方均不得变更现场安全措施。验收后，工作负责人、工作许可人双方在工作票的工作终结栏相应处签名。

（3）在涉及线路和变电站工作的情况下，上述（1）、（2）的要求全部满足后，工作终结手续才告完成。工作终结时间不应超出计划工作时间或经批准的延期时间。

工作负责人签名： 叶××   **工作许可人签名：** 许××

16. 工作票终结

临时遮栏、标示牌已拆除，常设遮栏已恢复；

未拆除的接地线编号 <u>无</u> 共 <u>0</u> 组；

未拉开接地刀闸编号 <u>无</u> 共 <u>0</u> 副（台），已汇报调度。

工作许可人签名： 许××   <u>2024</u> 年 <u>02</u> 月 <u>03</u> 日 <u>16</u> 时 <u>35</u> 分

17. 备注

（1）指定专责监护人 <u>杜××</u> 负责监护 <u>石××、左××、杨×</u>在 110kV 12A3 塘姚线分支站进行耐压试验操作工作。

指定专责监护人徐××负责监护张××、秦××在 110kV 12A3 塘姚线分支站上下塔、拆搭头和在姚慕变 110kV 12A3 塘姚线间隔线路侧拆搭头。

指定专责监护人徐××负责监护张××、秦××在 110kV 12A3 塘姚分支站验电、挂拆接地（地点及具体工作）。

（2）其他事项：<u>无</u>。

16.【**工作票终结**】工作变电站工作许可人在完成工作票的工作终结手续后，应拆除工作票上所要求的安全措施，恢复常设遮栏，并作好记录。在拉开检修设备的接地刀闸或拆除接地线后，应在本变电站收持的工作票上填写"未拆除的接地线编号×#、×#接地线共×组"或"未拉开接地刀闸编号×#、×#接地刀闸共×副（台）"，未拆除的接地线、接地刀闸汇报调度员后，方告工作票终结。工作许可人在工作票上签名并填写工作票终结时间。

17.【**备注**】

（1）此处应明确被监护的人员、地点及具体工作内容。验电、挂拆接地工作要指定专责监护人并在备注栏填写。使用吊车的作业应在工作票备注栏指定吊车指挥。邻近带电线路等特殊环境使用吊车的应设专人监护，并在工作票备注栏指定专责监护人。

（2）专职监护人不得参加工作，如此监护人需监护其他作业，必须写明之前的监护工作已经结束，同时再次明确新的监护工作、地点和被监护人。

（3）涉及多小组工作，应在此处填写说明。如：本工作涉及×个工作小组，有×份小组任务单。工作过程中如任务单数量发生变化应及时变更。如 20××年××月××日，小组任务单数量变更为×份。

（4）其他需要交代或需要记录的事项，若无其他需要交代或记录的事项，应填写"无"。

（5）对于工作开始前，票中预安排的工作班成员，如未能在开工时参与现场安全交底的，整体作业开工时，需在备注栏对相关情况说明，如"工作班成员×××作业开工时，未到场参与工作。"无需在工作票"工作人员变动情况"栏进行人员变动。相关预安排人员实际参与现场作业时，应在备注栏对相关情况说明，如"×××年××月××日××时××分，××、××已接受安全交底并签字，可参与现场工作"。

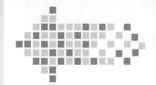

第3章　跨专业交叉作业

3.1　220kV 东吕线更换零档线

一、作业场景情况

（一）工作场景

东吕 2913 开关出线间隔～220kV 东吕 2913 线 001 号、东吕 2914 开关出线间隔～220kV 东吕 2914 线 001 号。

周边环境：工作地段位于变电站内及周边，无跨越铁路、公路、河流等影响施工的其他环境因素。

（二）工作任务

220kV 东岱变东吕 2913 线零档线更换；220kV 东岱变东吕 2914 线零档线更换。

（三）停电范围

220kV 东吕 2913 线全线；220kV 东吕 2914 线全线。

保留带电部位：与 220kV 东吕 2913 线 001 号（同杆 220kV 东吕 2914 线 001 号）邻近的 220kV 东白 2Y71 线有电；

220kV 东岱变相邻东白 2Y71 开关出线间隔有电；29131、29132、29137、29141、29142、29147 闸刀母线侧有电。

（四）票种选择建议

电力线路第一种工作票。

（五）人员分工及安排

参与本次工作的共 11 人（含工作负责人），具体分工为：

作业点 1（东吕 2913 开关出线间隔～220kV 东吕 2913 线 001 号）：

李×（工作负责人）：负责工作的整体协调组织，更换零档线时进行监护。

王×、孙××、赵×、钱×（工作班成员）：更换零档线工作。

作业点 2（东吕 2914 开关出线间隔～220kV 东吕 2914 线 001 号）：

张×（专责监护人）：负责对杆上工作人员进行监护。

孙×、李×、周××、吴×、郑×（工作班成员）：更换零档线工作。

（六）场景接线图

220kV 东吕线更换零档线场景接线图见图 3-1。

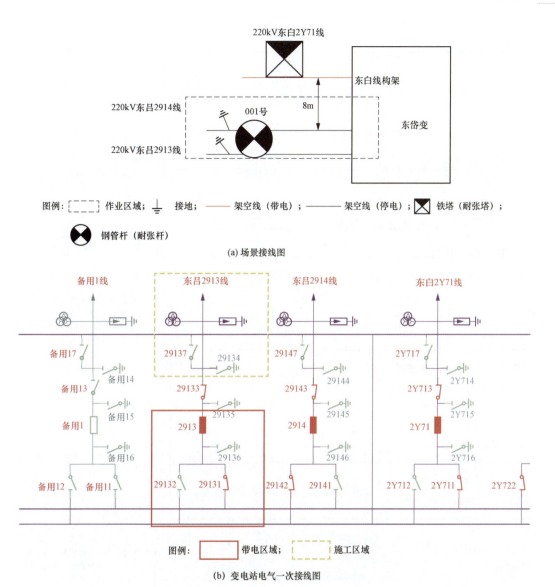

图例：┌┄┄┐ 作业区域；⏚ 接地；── 架空线（带电）；── 架空线（停电）；⊠ 铁塔（耐张塔）；

◉ 钢管杆（耐张杆）

(a) 场景接线图

图例：▭ 带电区域；┌┄┐ 施工区域

(b) 变电站电气一次接线图

图 3-1　220kV 东吕线更换零档线场景接线图

二、工作票样例

电力线路第一种工作票

单　位：××××电力建设有限公司

停电申请单编号：输电运检室 202408001、变电检修室 202408001

1. 工作负责人（监护人）：李×　　**班　组：**线路三班

2. 工作班人员（不包括工作负责人）

　××××输变电工程公司线路三班：王×、张×、孙××、赵×、钱×、

【票种选择】本次作业为输电线路停电工作，使用输电线路第一种工作票。
单位栏应填写工作负责人所在的单位名称；系统开票编号栏由系统自动生成；系统故障时，手工填写时应遵循：单位简称+××××（年份）××（月份）+×××。

1.【班组】对于包含工作负责人在内有两个及以上的班组人员共同进行的工作，应填写"综合班组"。

2.【工作班人员】人员应取得准入资质，安排的人员应进行承载力分析，确保人数适当、充足；如有特种作业应安排具备相应资质的特种作业人员。不同单位需分行填写。
【共×人】不包括工作负责人。

孙×、李×、周××、吴×、郑×

共　10　人

3. 工作的线路或设备双重名称（多回路应注明双重称号、色标、位置）

220kV 东吕 2913 线全线（左线，红色）；

220kV 东吕 2914 线全线（右线，绿色）；

220kV 东岱变：220kV 东吕 2913 开关出线构架及零档线、220kV 东吕 2914 开关出线构架及零档线。

3.【工作的线路或设备双重名称】填写线路电压等级及名称、检修设备的名称和编号，需覆盖全面，不得缺项。单回路不用标注位置、色标。如果单回工作线路现场存在邻近、平行、交叉跨越的线路，应填写线路色标。

4. 工作任务

4.【工作任务】不同地点的工作应分行填写；工作地点与工作内容一一对应。本次工作有两个工作地点，应分两行进行填写。

工作地点或地段（注明分、支线路名称、线路的起止杆号）	工作内容
220kV 东岱变：东吕 2913 开关出线构架～220kV 东吕 2913 线 001 号	220kV 东岱变东吕 2913 线零档线更换
220kV 东岱变：东吕 2914 开关出线构架～220kV 东吕 2914 线 001 号	220kV 东岱变东吕 2914 线零档线更换

5. 计划工作时间

自 2024 年 08 月 24 日 07 时 00 分至 2024 年 08 月 30 日 18 时 00 分。

5.【计划工作时间】填写计划检修起始时间和结束时间，该时间应在调度批准的检修时间段内。

6. 安全措施（必要时可附页绘图说明，红色表示有电）

6.1 应改为检修状态的线路间隔名称和应拉开的断路器（开关）、隔离开关（刀闸）、熔断器（保险）（包括分支线、用户线路和配合停电线路）：

（1）220kV 线路。

1）220kV 东吕 2913 线全线转为检修状态；

2）220kV 东吕 2914 线全线转为检修状态。

（2）220kV 东岱变。

1）应拉开 2913、2914 开关；

2）应拉开 29131、29132、29133、29137、29141、29142、29143、29147 闸刀；

3）应分开 2913、2914 开关操作电源、储能电源；

6.【6.1 栏】若全线（主线和支线）停电，填写"××kV××线全线转为检修状态"即可，无需再区分主线和支线。
分别填写变电站内变电运维人员采取的安全措施和线路运维人员采取的安全措施。变电站部分填写变电站或线路名称及各侧断路器（开关）、隔离开关（刀闸）、熔断器；填写应合上接地刀闸或装设接地线的编号和位置；填写装设遮栏以及应挂标示牌的名称和地点以及防止二次回路误碰等措施。

4）应将 2913、2914 开关远方/就地转换开关由"远方"位置切至"就地"位置；

5）应分开 29131、29132、29133、29137、29141、29142、29143、29147 闸刀操作、电机电源；

6）应分开东吕 2913 线线路电压互感器二次侧空气开关；

7）应分开东吕 2914 线线路电压互感器二次侧空气开关；

8）应合上 29134 接地刀闸；

9）应合上 29144 接地刀闸。

6.2　保留或邻近的带电线路、设备：

（1）220kV 东岱变：相邻 220kV 东白 2Y71 开关、220kV 备用 1 出线间隔有电；220kV 东吕 29131、29132、29137 闸刀；220kV 东吕 29141、29142、29147 闸刀母线侧有电。

（2）与 220kV 东吕 2913 线 001 号（同杆 220kV 东吕 2914 线 001 号）邻近的 220kV 东白 2Y71 线有电。

6.3　其他安全措施和注意事项：

（1）220kV 线路。

1）工作前，应认真核对作业线路双重名称、杆塔号、色标并确认无误。

2）作业前作业人员应认真检查安全工器具良好，工作中应正确使用。高处作业、上下杆塔或转移作业位置时不得失去安全保护。

3）次日恢复工作前应派专人检查接地线完好并经许可后方可工作。

4）耐张塔挂线前，应将耐张绝缘子串短接。

5）与 220kV 东吕 2913 线 001 号（同杆 220kV 东吕 2914 线 001 号）邻近的 220kV 东白 2Y71 线有电，施工时保持与带点线路不小于 4m 的安全距离，设专人监护。

6）高处作业应一律使用工具袋。较大的工具应使用绳子拴在牢固的构件上。上下传递物品使用绳索，不得上下抛掷。

7）作业点下方按坠落半径设置围栏。

8）链条葫芦、手扳葫芦、吊钩式滑车等装置的吊钩和起重作业使用的吊钩应有防止脱钩的保险装置。

9）禁止采用突然剪断导地线的做法松线。

10）导线高空锚线应设置二道保护措施。

11）吊车应可靠接地，起吊时应设专人指挥，指挥信号应清晰准确。在

【6.2 栏】填写工作地点及周围保留的带电部位、带电设备名称。没有则填写"无"。

【6.3 栏】
【防误登杆塔】若存在同杆架设多回线路中部分线路停电的工作，登杆塔至横担处时，应再次核对停电线路的识别标记与双重称号，确实无误后方可进入停电线路侧横担。
【防触电】工作地段如有邻近（水平距离 50m 范围内）、平行（水平距离 50m 范围内）、交叉跨越及同杆架设线路，邻近或交叉其他电力线工作人体、导线、施工机具等与带电导线安全距离符合《安规》表 4 规定。多日工作时，应补充"多日工作，次日恢复工作前应派专人检查接地线完好并经许可后方可工作"。

起吊过程中严禁人员在吊臂下方通过、逗留。

12）起重机作业前应支好全部支腿，支腿应加枕木且布设稳固后方可工作。枕木不得少于两根且长度不得小于 1.2m。

13）运行时牵引机、张力机进出口前方不得有人通过。各转向滑车围成的区域内侧禁止有人。受力钢丝绳的周围、上下方、转向滑车内角侧、吊臂和起吊物的下面，不得有人逗留和通过。吊物上不可站人，作业人员不得利用吊钩上升或下降。

14）绞磨应放置平稳，锚固可靠，受力前方不得有人，牵引绳在卷筒上不准少于 5 圈。拉磨尾绳人员不少于 2 人，应站在锚桩后面且不准在绳圈内。

15）在 5 级及以上的大风以及暴雨、雷电、冰雹、大雾、沙尘暴等恶劣天气下，应停止露天高处作业。

（2）220kV 东岱变。

1）应在 29131、29132、29137、29141、29142、29147 闸刀操作机构箱（把手）上挂"禁止合闸，有人工作"标示牌。

2）应在 2913、2914 开关"KK"操作把手上挂"禁止合闸，有人工作！"标示牌。

3）应在 2913、2914 线线路电压互感器二次侧空气开关上挂"禁止合闸，有人工作"标示牌。

4）应在东吕 2913 开关出线构架及零档线、东吕 2914 开关出线构架及零档线处设"在此工作"标示牌，并在四周设临时围栏，在围栏上挂"止步，高压危险"标示牌，标示牌应朝向围栏里面，在围栏入口处挂"在此工作"及"从此进出"标示牌。

5）应在东吕 2913 开关出线构架、东吕 2914 开关出线构架爬梯上挂"从此上下"标示牌；应将相邻东白 2Y71 开关、备用 1 出线构架爬梯锁好，在门上挂"禁止攀登，高压危险！"标示牌。

6）在 220kV 东岱变东吕 2914 开关出线间隔工作时，作业人员、工器具应与邻近带电的东白 2Y71 开关出线间隔以及 220kV 东岱变：29131、29132、29137、29141、29142、29147 闸刀母线保持不小于 4m 的安全距离，并设专人监护。

【防物体打击】若在城区、人口密集区地段或交通道口和通行道路上施工时，工作场所周围应装设遮栏（围栏），并在相应部位装设标示牌。必要时，派专人看管。
本票按零档线经龙门构架接入变电站方式设置围栏，对于高型/半高型结构变电站，需根据现场查勘实际，确认需要设置的围栏范围。

6.4 应挂的接地线，共 4 组。

挂设位置（线路名称及杆号）	接地线编号	挂设时间	拆除时间
220kV 东吕 2913 线 001 号大号侧	××220kV- 001 号	2024 年 08 月 24 日 09 时 50 分	2024 年 08 月 30 日 16 时 50 分
220kV 东吕 2914 线 001 号大号侧	××220kV- 002 号	2024 年 08 月 24 日 10 时 05 分	2024 年 08 年 30 日 16 时 45 分
220kV 东岱变：东吕 29134 接地刀闸（借用）	29134	2024 年 08 月 24 日 09 时 20 分	2024 年 08 月 30 日 17 时 20 分
220kV 东岱变：东吕 29144 接地刀闸（借用）	29144	2024 年 08 月 24 日 09 时 20 分	2024 年 08 月 30 日 17 时 20 分

工作票签发人签名：冯×   2024 年 08 月 23 日 15 时 00 分

工作票会签人签名：苏×   2024 年 08 月 23 日 15 时 25 分

工作票会签人签名：陆×   2024 年 08 月 23 日 15 时 55 分

工作负责人签名：李×   2024 年 08 月 23 日 16 时 30 分收到工作票

7. 确认本工作票 1～6 项，许可工作开始

许可方式	许可人	工作负责人签名	许可开始工作时间
当面通知	赵×	李×	2024 年 08 月 24 日 09 时 05 分
当面通知	曹×	李×	2024 年 08 月 24 日 09 时 20 分
			年 月 日 时 分

8. 现场交底，工作班成员确认工作负责人布置的工作任务、人员分工、安全措施和注意事项并签名：

王×、张×、孙××、赵×、钱×、孙×、李×、周××、吴×、

郑×、蒋×

【6.4 栏】

（1）接地线编号、挂设时间、拆除时间应手工填写在工作负责人所持工作票上。挂设时间在许可时间后，拆除时间在终结时间前。接地线编号中"××"为单位简称。接地线编号应写明电压等级，具体编号不重号即可。

（2）第一种工作票签发和收到时间应为工作前一天（紧急抢修、消缺除外）。运维人员收到工作票后，对工作票审核无误后，填写收票时间并签名。

（3）承发包工程中，工作票应实行"双签发"形式。签发工作票时，双方工作签发人在工作票上分别签名，各自承担《安规》工作票签发人相应的安全责任。

【签名】确认工作票 1～6.4 项无误后，分别进行签名，填入时间。

7.【许可工作开始】许可方式：当面通知、电话下达、派人送达。许可开始工作时间不应早于计划工作开始时间。本次工作涉及变电、线路两个专业，变电与线路许可的线路或设备应分开填写。（变电许可人对变电许可的线路或设备负责，应取得变电许可资质）。

8.【现场交底签名】所有工作班成员在明确了工作负责人、专责监护人交待的工作任务、人员分工、安全措施和注意事项后，在工作负责人所持工作票上签名，不得代签。

9. 工作负责人变动情况

　　原工作负责人_____离去，变更_____为工作负责人。

工作票签发人签名：_____　　_____年___月___日___时___分

10. 工作人员变动情况（变动人员姓名、变动日期及时间）

　　2024 年 8 月 25 日 07 时 02 分，郑×离去、蒋×加入。工作负责人：

李×。

　　　　　　　　　　　　　　　　　　　　　　　工作负责人签名：李×

11. 工作票延期

　　有效期延长到_____年___月___日___时___分。

工作负责人签名：_____　　_____年___月___日___时___分

工作许可人签名：_____　　_____年___月___日___时___分

12. 每日开工和收工时间（使用一天的工作票不必填写）

收工时间				工作负责人	工作许可人	开工时间				工作许可人	工作负责人
月	日	时	分			月	日	时	分		
08	24	16	40	李×	赵×、曹×	08	25	07	20	赵×、曹×	李×
08	25	17	40	李×	赵×、曹×	08	26	07	30	赵×、曹×	李×
08	26	17	20	李×	赵×、曹×	08	27	07	00	赵×、曹×	李×
08	27	16	40	李×	赵×、曹×	08	28	07	20	赵×、曹×	李×
08	28	17	30	李×	赵×、曹×	08	29	07	00	赵×、曹×	李×
08	29	16	00	李×	赵×、曹×	08	30	07	10	赵×、曹×	李×

13. 工作票终结

13.1 　现场所挂的接地线编号××220kV-001 号、××220kV-002 号、

29134、29144 共 4 组，已全部拆除、带回。

9.【工作负责人变动情况】经工作票签发人同意，在工作票上填写离去和变更的工作负责人姓名及变动时间，同时通知全体作业人员及工作许可人；如工作票签发人无法当面办理，应通过电话通知工作许可人，由工作许可人和原工作负责人在各自所持工作票上填写工作负责人变更情况，并代工作票签发人签名。

工作负责人的变动必须是在该工作票许可之后，如在工作票许可之前需变更工作负责人，则应由工作票签发人重新签发工作票。

10.【工作人员变动情况】经工作负责人同意，工作人员方可新增或离开。新增人员应在工作负责人所持工作票第 8 栏签名确认后方可参加工作。本处由工作负责人负责填写。班组人员每次发生变动，工作负责人都要签字。人员变动情况填写格式：××××年××月××日××时××分，××、××加入（离去）。

11.【工作票延期】工作需延期，应在工作计划结束时间前由工作负责人向工作许可人提出申请，办理延期手续。对于需经调度许可的工作，工作许可人还应得到调度许可后，方可与工作负责人办理工作票延期手续。工作票只能延期一次。

12.【每日开工和收工时间】工作负责人和工作许可人分别签名确认每日开工和收工时间。

13.【13.1 栏】工作负责人应将现场所拆的接地线编号和数量填写齐全，并现场清点，不得遗漏。

13.2　工作终结报告。

终结报告的方式	许可人	工作负责人签名	终结报告时间
当面	赵×	李×	2024 年 08 月 30 日 17 时 20 分
当面	曹×	李×	2024 年 08 月 30 日 17 时 29 分

14. 备注

（1）指定专责监护人 <u>张×</u> 负责监护孙×、李×、周××、吴×、郑×

<u>5 人进行验电接地以及后续更换零档线工作</u>。（人员、地点及具体工作。）

（2）其他事项：<u>工作终结后，借用接地由运维人员负责拆除。</u>

【13.2 栏】工作终结后，工作负责人应及时报告工作许可人。报告方法有当面报告和电话报告。报告结束后填写报告方式、时间，工作负责人、许可人签名（电话报告时代签）。

14.【备注】

（1）此处应写明被监护的人员、地点及具体工作内容。验电、挂拆接地线要指定专责监护人并在备注栏填写。使用吊车的作业应在工作票备注栏指定吊车指挥。邻近带电线路等特殊环境使用吊车的应设专人监护，并在工作票备注栏指定专责监护人。

（2）专职监护人不得参加工作，如此监护人需监护其他作业，必须写明之前的监护工作已经结束，同时再次明确新的监护工作、地点和被监护人。

（3）涉及多小组工作，应在此处写明说明。如：本工作涉及×个工作小组，有×份小组任务单。工作过程中如任务单数量发生变化应及时变更。如 20××年××月××日，小组任务单数量变更为×份。

（4）其他需要交代或需要记录的事项，若无其他需要交代或记录的事项，应填写"无"。

（5）对于工作开始前，票中预安排的工作班成员，如未能在开工时参与现场安全交底，整体作业开工时，需在备注栏对相关情况说明，如"工作班成员×××作业开工时，未到场参与工作"。无需在工作票"工作人员变动情况"栏进行人员变动。相关预安排人员实际参与现场作业时，应在备注栏对相关情况说明，如"××××年××月××日××时××分，××、××已接受安全交底并签字，可参与现场工作"。

3.2　220kV 西太湖变电站已投运间隔出线电缆搭接

一、作业场景情况

（一）工作场景

220kV 太诱 4M95、220kV 太诱 4M96 开关间隔带电；一次相邻：220kV 太青 4M81 开关间隔、220kV 太高 4M63 开关间隔带电。

（二）工作任务

T1～220kV 西太湖变电站（以下简称西太湖变）新扩构架导地线展放工作，跳线及引下线制作。

（三）停电范围

无。

（四）票种选择建议

变电站第一种工作票。

（五）人员分工及安排

本次工作作业点（220kV 场地：220kV 太诱 4M95 开关构架、220kV 太诱 4M96 开关构架、220kV 太诱 4M95 开关出线套管、220kV 太诱 4M95 开关出线套管），参与本次工作的共 11 人（含工作负责人），具体分工为：

张××（工作负责人）：负责工作的整体协调组织，所内引线搭接时进行监护。

变电一班：田××（专责监护人）：负责对现场工作人员进行监护。

变电二班：陈×（工作班成员）：所内引线搭接工作。

线路一班：郭×、潘×、周×、张三、李四、王五、陈六、许七（工作班成员）：所内引线搭接工作。

（六）场景接线图

220kV 西太湖变已投运间隔出线电缆搭接场景接线图见图 3－2。

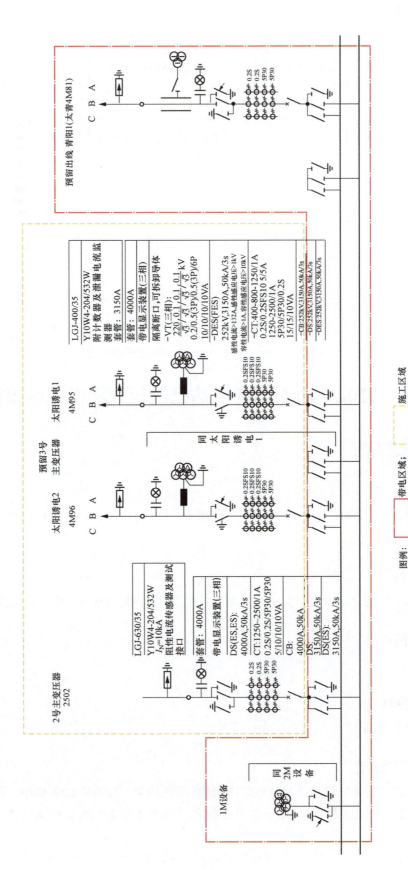

图 3－2　220kV 西太湖变已投运间隔出线电缆搭接场景接线图

二、工作票样例

变电站第一种工作票

单　　位：××××电力建设有限公司　　变电站：交流 220kV 西太湖变

编　　号：Ⅰ202405001

1. 工作负责人（监护人）：张×× 　　**班　　组：**综合班组

2. 工作班人员（不包括工作负责人）

变电一班：田××；共 1 人。

变电二班：陈×；共 1 人。

线路一班：郭×、潘×、周×、张三、李四、王五、陈六、许七；共 8 人。

共　10　人

3. 工作的变、配电站名称及设备双重名称

交流 220kV 西太湖变：220kV 太诱 4M95 开关构架、220kV 太诱 4M96 开关构架、220kV 太诱 4M95 开关出线套管、220kV 太诱 4M95 开关出线套管。

4. 工作任务

工作地点及设备双重名称	工作内容
220kV 场地：220kV 太诱 4M95 开关构架、220kV 太诱 4M96 开关构架、220kV 太诱 4M95 开关出线套管、220kV 太诱 4M95 开关出线套管	T1～西太湖变新扩构架导地线展放工作，跳线及引下线制作

5. 计划工作时间

自 2024 年 03 月 01 日 08 时 00 分至 2024 年 03 月 02 日 20 时 00 分。

【票种选择】本次作业为变电站停电工作，使用变电站第一种工作票，无需增持其他票种。

单位栏应填写工作负责人所在的单位名称；系统开票编号栏由系统自动生成；系统故障时，手工填写时应遵循：单位简称+××××（年份）××（月份）+×××。

1.【班组】对于包含工作负责人在内有两个及以上的班组人员共同进行的工作，应填写"综合班组"。

2.【工作班人员】人员应取得准入资质，安排的人员应进行承载力分析，确保人数适当、充足；如有特种作业应安排具备相应资质的特种作业人员。不同单位需分行填写。
【共×人】不包括工作负责人。

3.【工作的变、配电站名称及设备双重名称】设备双重名称与第 4 项"工作任务"栏内一致。

4.【工作任务】不同地点的工作应分行填写；工作地点与工作内容一一对应。

5.【计划工作时间】填写计划检修起始时间和结束时间，该时间应在调度批准的检修时间段内。

6. 安全措施（必要时可附页绘图说明，红色表示有电）

应拉断路器（开关）、隔离开关（刀闸）	已执行*
应拉开 4M95、4M96 开关	√
应分开 4M95、4M96 开关操作电源、储能电源空气开关	√
应将 4M95、4M96 开关"远方/就地"转换开关由"远方"位置切至"就地"位置	√
应拉开 4M953、4M963 闸刀	√
应分开 4M953、4M963 闸刀操作电源、电机电源空气开关	√
应分开 220kV 太高 4M95 线线路电压互感器二次侧空气开关（熔丝）	√
应分开 220kV 太高 4M96 线线路电压互感器二次侧空气开关（熔丝）	√
应装接地线、应合接地刀闸（注明确实地点、名称及接地线编号*）	**已执行***
应合上 4M954 接地闸刀（借用）	√
应合上 4M964 接地闸刀（借用）	√
应设遮栏、应挂标示牌及防止二次回路误碰等措施	**已执行***
应在 4M953、4M963 闸刀操作处分别挂"禁止合闸，有人工作"标示牌	√
应设遮栏、应挂标示牌及防止二次回路误碰等措施	**已执行***
应在 4M953、4M963 闸刀操作处分别挂"禁止合闸，有人工作"标示牌	√
应在 220kV 太诱 4M95 线线路电压互感器二次侧空气开关（熔丝）、220kV 太诱 4M96 线线路电压互感器二次侧空气开关（熔丝）上挂"禁止合闸，有人工作"标示牌	√
应在 220kV 太诱 4M95 开关出线套管、220kV 太诱 4M95 开关出线套管四周设临时围栏，在围栏上挂"止步，高压危险"标示牌，标示牌应朝向围栏里面，并在围栏入口处挂"在此工作"及"从此进出"标示牌	√
应在 220kV 太诱 4M95 开关出线套管、220kV 太诱 4M95 开关出线套管上挂"在此工作"标示牌	√
应在 220kV 太诱 4M95 开关构架、220kV 太诱 4M96 开关构架爬梯处挂"从此上下""在此工作"标示牌	√
应在 220kV 太高 4M63 开关构架、220kV 太青 4M81 开关构架爬梯处挂"禁止攀登，高压危险！"标示牌	√

*已执行栏目及接地线编号由工作许可人填写。

6.【安全措施】
（1）应拉断路器（开关）、隔离开关（刀闸），分别填写变电站内变电运维人员采取的安全措施和线路运维人员采取的安全措施。变电站部分应填写变电站或线路名称和各侧断路器（开关）、隔离开关（刀闸）、熔断器等。
（2）应装接地线、应合接地刀闸（注明确实地点、名称及接地线编号*），填写工作班装设接地线的确切位置、地点。若工作地段内无法装设接地线，可向工作许可人借用操作接地线，此时"接地线编号"应填写操作接地线的编号并在编号后注明"（借用）"。
（3）设遮栏、应挂标示牌及防止二次回路误碰等措施，根据现场具体情况而采取的安全措施或注意事项。

工作地点保留带电部分或注意事项 （由工作票签发人填写）	补充工作地点保留带电部分和安全措施（由工作许可人填写）
220kV 太诱 4M95 开关母线侧、220kV 太诱 4M96 开关母线侧带电；一次相邻：220kV 太高 4M63 开关间隔、220kV 太青 4M81 开关间隔带电； 1）工作中注意与 220kV 设备带电部位保持 3.0m 及以上安全距离； 2）高处作业人员使用试验合格的安全带，使用绳索传递物品，严禁抛掷。 3）工作中防止感应电伤人，在感应电较大的区域，应规范使用个人保安线	无

工作票签发人签名：芮×× 　　签发时间 <u>2024</u> 年 <u>02</u> 月 <u>27</u> 日 <u>13</u> 时 <u>00</u> 分

工作票会签人签名：马× 　　签发时间 <u>2024</u> 年 <u>02</u> 月 <u>27</u> 日 <u>16</u> 时 <u>00</u> 分

7. 收到工作票时间： <u>2024</u> 年 <u>02</u> 月 <u>28</u> 日 <u>20</u> 时 <u>00</u> 分

运行值班人员签名：<u>陈××</u>

8. 确认本工作票 1～6 项，许可工作开始

工作负责人签名：<u>张××</u> 　　工作许可人签：<u>陈××</u>

许可开始工作时间：<u>2024</u> 年 <u>03</u> 月 <u>01</u> 日 <u>09</u> 时 <u>00</u> 分。

9. 现场交底，工作班成员确认工作负责人布置的工作任务、人员分工、安全措施和注意事项并签名

<u>陈×、郭×、潘×、周×、张三、李四、王五、陈六、许七</u>

<u>李×</u>

10. 工作负责人变动情况

原工作负责人 _____ 离去，变更 _____ 为工作负责人。

工作票签发人：_____ 　　签发时间：_____ 年 ___ 月 ___ 日 ___ 时 ___ 分

11. 工作人员变动情况（变动人员姓名、变动日期及时间）

<u>2024</u> 年 <u>03</u> 月 <u>01</u> 日 <u>13</u> 时 <u>20</u> 分，郭×离去、李×加入。工作负责人：张

（4）工作地点保留带电部分或注意事项，本次工作主要风险点为高处作业和邻近带电作业。【安全距离】【安全带】【保安接地线】。

（5）补充工作地点保留带电部分和安全措施（由工作许可人填写），根据现场的实际情况，工作许可人对工作地点保留的带电部分予以补充，不得照抄工作票签发人填写内容，应注明所采取的安全措施或提醒检修人员必须注意的事项。若没有则填"无"，不得空白。

（6）工作票签发人和会签人签名确认工作票 1～6 项无误后，分别进行签名，填入时间。

7.【收到工作票时间】
第一种工作票签发和收到时间应为工作前一天（紧急抢修、消缺除外）。
运维人员收到工作票后，对工作票审核无误后，填写收票时间并签名。

8.【工作许可】
许可开始工作时间不得提前于计划工作开始时间。本次工作涉及变电、线路两个专业，变电与线路许可的线路或设备应分开填写。（变电许可人对变电许可的线路或设备负责，应取得变电许可资质）。

9.【交底签名】
所有工作班成员在明确了工作负责人、专责监护人交待的工作任务、人员分工、安全措施和注意事项后，在工作负责人所持工作票上签名，不得代签。

10.【工作负责人变动情况】
经工作票签发人同意，在工作票上填写离去和变更的工作负责人姓名及变动时间，同时通知全体作业人员及工作许可人；如工作票签发人无法当面办理，应通过电话通知工作许可人和原工作负责人在各自所持工作票上填写工作负责人变更情况，并代工作票签发人签名。
工作负责人的变动必须是在该工作票许可之后，如在工作票许可之前需变更工作负责人，则应由工作票签发人重新签发工作票。

11.【工作人员变动情况】
工作人员变动后，工作负责人应及时在所持工作票上写明变动人员姓名、变动日期、时间，并签

××。

工作负责人签名：张××

12. 工作票延期

有效期延长到_____年__月__日__时__分。

工作负责人签名：_____　签发时间：_____年__月__日__时__分

工作许可人签名：_____　签发时间：_____年__月__日__时__分

13. 每日开工和收工时间（使用一天的工作票不必填写）

收工时间	工作负责人	工作许可人	开工时间	工作许可人	工作负责人
2024 年 03 月 01 日 18 时 00 分	张××	陈××	2024 年 03 月 02 日 08 时 00 分	陈××	张××
年　月　日 时　分			年　月　日 时　分		
年　月　日 时　分			年　月　日 时　分		
年　月　日 时　分			年　月　日 时　分		

14. 工作终结

全部工作于 2024 年 03 月 02 日 18 时 00 分 结束，设备及安全措施已恢复至开工前状态，工作人员已全部撤离，材料工具已清理完毕，工作已终结。

工作负责人签名：张××　　工作许可人签名：陈××

15. 工作票终结

临时遮栏、标示牌已拆除，常设遮栏已恢复。

已拆除的接地线编号 无 共 0 组；

已拉开接地刀闸编号 4M954、4M964 共 2 副（台）。

未拆除的接地线编号 无 共 0 组；

名。人员变动情况填写格式：××××年××月××日××时××分，××、××加入（离去）班组人员每次发生变动，工作负责人要在工作票上即时注明变动情况并签名，不得最后一并签名。

12.【工作票延期】
工作需延期，应在工作计划结束时间前由工作负责人向工作许可人提出申请，办理延期手续。对于需经调度许可的工作，工作许可人还应得到调度许可后，方可与工作负责人办理工作票延期手续。工作票只能延期一次。

13.【每日开工和收工时间（使用一天的工作票不必填写）】
工作负责人和工作许可人分别签名确认每日开工和收工时间。

14.【工作终结】
工作终结时间不应超出计划工作时间或经批准的延期时间。

15.【工作票终结】
工作负责人应将现场所拆的接地线、接地刀闸编号和数量填写齐全，并现场清点，不得遗漏。待工作票上安全措施均已拆除，汇报调度后，工作许可人方可进行"工作票终结"手续。

16.【备注】
（1）此处应注明确被监护的人员、地点及具体工作内容。根据现场情况指定专责监护人并在备注栏填写。使用吊车的作业应在工作票备注栏指定吊车指挥。邻近带电线路等特殊环境使用吊车的应设专人监护，并在工作票备注栏指定专责监护人。
（2）专职监护人不得参加工作，如此监护人需监护其他作业，必须写明之前的监护工作已经结束，同时再次明确新的监护工作、地点和被监护人。
（3）涉及多小组工作，应在此处填写说明。如：本工作涉及×个工作小组，有×份小组任务单。工作过程中如任务单数量发生变化应及时变更。

未拉开接地刀闸编号　无　共　0　副（台），已汇报调度值班员。

工作许可人签名：陈××　　　签名时间：2024 年 03 月 02 日 19 时 00 分

16. 备注

（1）指定专责监护人　田××　负责监护　陈×、潘×、周×、李×4 人在新扩构架导地线展放工作，跳线及引下线制作。（地点及具体工作。）

（2）其他事项：无。

如 20××年××月××日，小组任务单数量变更为×份。

（4）其他需要交代或需要记录的事项，若无其他需要交代或记录的事项，应填写"无"。

（5）对于工作开始前，票中预安排的工作班成员，如不能在开工时参与现场安全交底的，整体作业开工时，需在备注栏对相关情况说明，如"工作班成员×××作业开工时，未到现场参与工作。"无需在工作票"工作人员变动情况"栏进行人员变动。相关预安排人员实际参与现场作业时，应在备注栏对相关情况说明，如"××××年××月××日××时××分，××、××已接受安全交底并签字，可参与现场工作"。

3.3　220kV 水北变电站在建间隔架空引线搭接

一、作业场景情况

（一）工作场景

水河 4Y77 开关间隔基建安装；一次相邻：220kV 水汇 4Y86 开关间隔、220kV 水创 4M88 开关间隔带电。

（二）工作任务

T1～水北变电站（以下简称水北变）新扩构架导地线展放工作，跳线及引下线制作。

（三）停电范围

无。

（四）票种选择建议

变电站第二种工作票。

（五）人员分工及安排

本次作业点（220kV 场地：220kV 水河 4Y77 开关构架、220kV 水河 4Y774 闸刀、220kV 水河 4Y77 线线路避雷器），参与本次工作的共 10 人（含工作负责人），具体分工为：

张××（工作负责人）：负责工作的整体协调组织，所内引线搭接时进行监护。

变电一班：陈×（工作班成员）：所内引线搭接工作。

线路一班：郭×、潘×、周×、张三、李四、王五、陈六、许七（工作班成员）：所内引线搭接工作。

（六）场景接线图

220kV 水北变在建间隔架空引线搭接场景接线图见图 3-3。

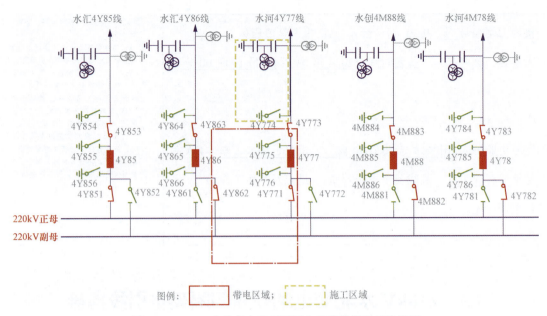

图例：□带电区域；▭ 施工区域

图 3-3　220kV 水北变在建间隔架空引线搭接场景接线图

二、工作票样例

变电站第二种工作票

单　位：××××电力建设有限公司　　变电站：交流 220kV 水北变

编　号：Ⅱ202403033

1. 工作负责人（监护人）：张××　　**班　组：**综合班组

2. 工作班人员（不包括工作负责人）

变电一班：陈×；共 1 人。

线路一班：郭×、潘×、周×、张三、李四、王五、陈六、许七；共 8 人。

共 9 人

3. 工作的变、配电站名称及双重设备名称

交流 220kV 水北变：220kV 水河 4Y77 开关构架、220kV 水河 4Y774 闸刀、220kV 水河 4Y77 线线路避雷器。

4. 工作任务

工作地点及设备双重名称	工作内容
220kV 场地：220kV 水河 4Y77 开关构架、220kV 水河 4Y774 闸刀、220kV 水河 4Y77 线线路避雷器	T1～水北变新扩构架导地线展放工作，跳线及引下线制作

4.【工作任务】不同地点的工作应分行填写；工作地点与工作内容一一对应。
本次工作有两个工作地点，应分两行进行填写。

5. 计划工作时间

自 2024 年 03 月 01 日 08 时 00 分至 2024 年 03 月 01 日 16 时 00 分。

5.【计划工作时间】填写计划检修起始时间和结束时间，该时间应在调度批准的检修时间段内。

6. 工作条件（停电或不停电，或邻近及保留带电设备名称）

不停电。

6.【工作条件】根据现场实际填写。

7. 注意事项（安全措施）

设备均在运行中；工作中注意与 220kV 设备带电部位保持 3.0m 及以上安全距离；应在新扩 220kV 水河 4Y77 开关构架爬梯处挂"从此上下""在此工作"标示牌；应在 220kV 水创 4M88 开关构架、220kV 水汇 4Y 开关构架爬梯处挂"禁止攀登，高压危险！"标示牌；在工作区域设置安全围栏并悬挂相应的警示牌。高处作业人员使用试验合格的安全带，使用绳索传递物品，严禁抛掷；工作中防止感应电伤人，在感应电较大的区域，应规范使用个人保安线，工作负责人应始终在现场，加强监护，注意安全，严禁未经许可设备接入内网。

工作票签发人签名：芮×× 　　签发时间：2024 年 02 月 28 日 17 时 00 分

工作票会签人签名：马× 　　签发时间：2024 年 02 月 28 日 18 时 00 分

7.【注意事项】根据现场具体情况而采取的安全措施或注意事项。

8. 补充安全措施（工作许可人填写）

无。

8.【补充安全措施】不得照抄工作票签发人填写内容，应注明所采取的安全措施或提醒检修人员必须注意的事项。若没有则填"无"，不得空白。

9. 确认本工作票 1～8 项

许可开始工作时间：2024 年 03 月 01 日 08 时 50 分。

工作许可人签名：马× 　　工作负责人签名：张××

9.【确认本工作票 1～8 项】许可开始工作时间不得提前于计划工作开始时间。

10. 现场交底，工作班成员确认工作负责人布置的工作任务、人员分工、安全措施和注意事项并签名

陈×、郭×、潘×、周×、张三、李四、王五、陈六、许七

李×

11. 工作票延期

有效期延长到_____年___月__日__时___分。

工作负责人签名：_____ 签发时间：_____ 年 月 日 时 分

工作许可人签名：_____ 签发时间：_____ 年 月 日 时 分

12. 工作负责人变动情况

原工作负责人_____离去，变更_____为工作负责人。

工作票签发人：_____ 签发时间：_____年__月__日__时__分

13. 工作人员变动情况（变动人员姓名、变动日期及时间）

2024 年 06 月 01 日 13 时 20 分，陈×离去、李×加入。工作负责人：张××

工作负责人签名：张××

14. 每日开工和收工时间（使用一天的工作票不必填写）

收工时间	工作负责人	工作许可人	开工时间	工作许可人	工作负责人
年 月 日 时 分			年 月 日 时 分		
年 月 日 时 分			年 月 日 时 分		
年 月 日 时 分			年 月 日 时 分		
年 月 日 时 分			年 月 日 时 分		

10.【交底签名】
所有工作班成员在明确了工作负责人、专责监护人交待的工作任务、人员分工、安全措施和注意事项后，在工作负责人所持工作票上签名，不得代签。

11.【工作票延期】
工作需延期，应在工作计划结束时间前由工作负责人向工作许可人提出申请，办理延期手续。对于需经调度许可的工作，工作许可人还应得到调度许可后，方可与工作负责人办理工作票延期手续。工作票只能延期一次。

12.【工作负责人变动情况】
经工作票签发人同意，在工作票上填写离去和变更的工作负责人姓名及变动时间，同时通知全体作业人员及工作许可人；如工作票签发人无法当面办理，应通过电话通知工作许可人，由工作许可人和原工作负责人在各自所持工作票上填写工作负责人变更情况，并代工作票签发人签名。
工作负责人的变动必须是在该工作票许可之后，如在工作票许可之前需变更工作负责人，则应由工作票签发人重新签发工作票。

13.【工作人员变动情况】
工作人员变动后，工作负责人应及时在所持工作票上写明变动人员姓名、变动日期、时间，并签名。人员变动情况填写格式：××××年××月××日××时××分，××、××加入（离去）。
班组人员每次发生变动，工作负责人要在工作票上即时注明变动情况并签名，不得最后一并签名。

14.【每日开工和收工时间（使用一天的工作票不必填写）】
工作负责人和工作许可人分别签名确认每日开工和收工时间。

15. 工作票终结

全部工作于 <u>2024 年 03 月 01 日 14 时 30 分</u> 结束，工作人员已全部撤离，

材料工具已清理完毕。

工作负责人签名：<u>张××</u>

工作许可人签名：<u>马×</u>

16. 备注

<u>无。</u>

15.【工作票终结】

工作负责人应将现场所拆的接地线、接地刀闸编号和数量填写齐全，并现场清点，不得遗漏。待工作票上安全措施均已拆除，汇报调度后，工作许可人方可进行"工作票终结"手续。

16.【备注】

（1）此处应明确被监护的人员、地点及具体工作内容。根据现场情况指定专责监护人并在备注栏填写。使用吊车的作业应在工作票备注栏指定吊车指挥。邻近带电线路等特殊环境使用吊车的应设专人监护，并在工作票备注栏指定专责监护人。

（2）专职监护人不得参加工作，如此监护人需监护其他作业，必须写明之前的监护工作已经结束，同时再次明确新的监护工作、地点和被监护人。

（3）涉及多小组工作，应在此处填写说明。如：本工作涉及×个工作小组，有×份小组任务单。工作过程中如任务单数量发生变化应及时变更。如 20××年××月××日，小组任务单数量变更为×份。

（4）对于工作开始前，票中预安排的工作班成员，如未能在开工时参与现场安全交底的，整体作业开工时，需在备注栏对相关情况说明，如"工作班成员×××作业开工时，未到场参与工作。"无需在工作票"工作人员变动情况"栏进行人员变动。相关预安排人员实际参与现场作业时，应在备注栏对相关情况说明，如"××××年××月××日××时××分，××、××已接受安全交底并签字，可参与现场工作"。

3.4　220kV 戚常线出线电缆敷设

一、作业场景情况

（一）工作场景

220kV 戚常 2593 线 1 号～220kV 常州变电站（以下简称常州变）：220kV 常戚 2593 线间隔之间电缆敷设。

周边环境：工作地段位于农田内，无跨越铁路、公路、河流等影响施工的其他环境因素。

（二）工作任务

220kV 戚常 2593 线 1 号～220kV 常州变：220kV 常戚 2593 线间隔之间电缆敷设，1 号电缆制作及引线搭接。

（三）停电范围

220kV 戚常 2593 线全线；220kV 常州变：220kV 常戚 2593 线间隔。

保留带电部位：无。

（四）票种选择建议

电力电缆第一种工作票。

（五）人员分工及安排

参与本次工作的共 7 人（含工作负责人），具体分工为：

作业点 1：220kV 戚常 2593 线 1 号～220kV 常州变：220kV 常戚 2593 线间隔。

张×（工作负责人）：负责工作的整体协调组织，更换电缆敷设时进行监护。

王×、钱×（工作班成员）：负责电缆的敷设施工。

作业点 2：220kV 戚常 2593 线 1 号。

李×（专责监护人）负责监护杨××、陈×、赵×3人在1号杆验电接地，电缆终端制作，电缆引线搭接工作。

（六）场景接线图

220kV戚常线出线电缆敷设场景接线图见图3-4。

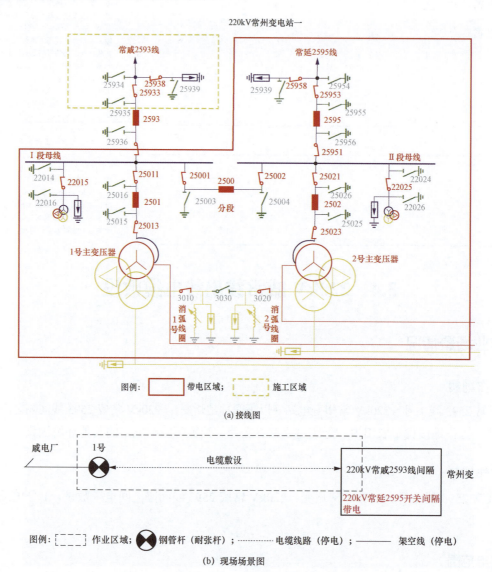

图3-4　220kV戚常线出线电缆敷设场景接线图

二、工作票样例

电力电缆第一种工作票

单　位：××××电力建设有限公司

停电申请单编：输电运检室202408002、变电检修室202408002

1. 工作负责人（监护人）：张×　　　**班　组：**综合班组

【票种选择】本次作业为电缆敷设工作，使用电力电缆第一种工作票。
单位栏应填写工作负责人所在的单位名称；系统开票编号栏由系统自动生成；系统故障时，手工填写时应遵循：单位简称+××××（年份）××（月份）+×××。

1.【班组】对于包含工作负责人在内有两个及以上的班组人员共同进行的工作，应填写"综合班组"。

2. 工作班人员（不包括工作负责人）

×××× 电力建设有限公司：李×。

×××输变电工程公司：王×、杨××、陈×、赵×、钱×。

共 _6_ 人

3. 电力电缆名称

220kV 戚常 2593 线全线。

220kV 常州变：220kV 常戚 2593 线开关出线。

4. 工作任务

工作地点或地段	工作内容
220kV 戚常 2593 线 1 号～220kV 常州变：220kV 戚常 2593 线间隔	220kV 戚常 2593 线 1 号～220kV 常州变：220kV 常戚 2593 线间隔之间的出线电缆敷设
220kV 戚常 2593 线 1 号	电缆终端制作，电缆引线

5. 计划工作时间

自 _2024_ 年 _08_ 月 _20_ 日 _08_ 时 _00_ 分至 _2024_ 年 _08_ 月 _22_ 日 _18_ 时 _00_ 分。

6. 安全措施（必要时可附页绘图说明）

（1）应拉开的设备名称、应装设绝缘挡板

变、配电站或线路名称	应拉开的断路器（开关）、隔离开关（刀闸）、熔断器以及应装设的绝缘挡板（注明设备双重名称）	执行人	已执行
220kV 常州变	应拉开 220kV 常戚 2593 开关	曹×	√
220kV 常州变	应分开 220kV 常戚 2593 开关控制电源、储能电源	曹×	√
220kV 常州变	应将 220kV 常戚 2593 开关远方/就地转换开关由"远方"位置切至"就地"位置	曹×	√

2.【工作班人员】人员应取得准入资质，安排的人员应进行承载力分析，确保人数适当、充足；如有特种作业应安排具备相应资质的特种作业人员。不同单位需分行填写。
【共×人】不包括工作负责人。

3.【电力电缆名称】填写线路电压等级及名称、检修设备的名称和编号，需覆盖全面，不得缺项。必要时注明电缆连接关系。

4.【工作任务】
（1）对于在变电站内的工作，"工作地点"应写明变电站名称及电缆设备的双重名称。
（2）对于在电杆上进行电缆与线路拆、搭接头工作，"工作地点"应填写线路名称（双重名称）和电杆杆号。
（3）对于在分支箱处的工作，"工作地点"应填写线路名称（双重名称）和分支箱双重名称、编号。
（4）对于在电缆线路中间某一段区域内工作，"工作地点"应填写电缆所属的线路名称（双重名称）以及电缆所处的地理位置名称。
（5）工作内容要写具体，如电缆搭头、电缆开断、做中间头、做终端头、试验等。

5.【计划工作时间】填写计划检修起始时间和结束时间，该时间应在调度批准的检修时间段内。

6.【安全措施】
（1）【应拉开的设备名称、应装设绝缘挡板】线路上不涉及进入变电站内的电缆工作，可以直接填写"××kV××线转为检修状态"。变电站内和线路上均有工作时，应将变电站采取的安全措施排在前列，线路上应采取的安全措施排在后面。

续表

220kV 常州变	应拉开 220kV 常戚 25931、220kV 常戚 25933 闸刀	曹×	√
220kV 常州变	应分开 220kV 常戚 25931、220kV 常戚 25933 闸刀操作、电机电源	曹×	√
220kV 常州变	应合上 220kV 常戚 25934 接地闸刀	曹×	√
220kV 戚常 2593 线	转为检修状态	曹×	√

（2）应合接地刀闸或应装接地线

接地刀闸双重名称和接地线装设地点	接地线编号	执行人
220kV 常州变：220kV 常戚 25934 接地刀闸（借用）	25934	曹×
220kV 戚常 2593 线 1 号电缆引线	××220kV- 001 号	曹×

（3）应设遮栏，应挂标示牌

应在 220kV 常戚 25931 闸刀操作机构箱（把手）上挂："禁止合闸，有人工作"标示牌	曹×
应在 220kV 常戚 2593 开关"KK"操作把手上挂"禁止合闸，有人工作！"标示牌	曹×

（4）工作地点保留带电部分或注意事项（由工作票签发人填写）	（5）补充工作地点保留带电部分和安全措施（由工作许可人填写）
220kV 常戚 25931 闸刀母线侧带电；相邻 220kV 常延 2595 开关间隔带电，施工时注意保持与带电体不小于 3m 的安全距离	无
登杆前认清停电线路名称、杆号及色标（防误登杆），正确规范验电接地	
电缆井属有限空间，有有害气体积聚风险，施工时应做到"先通风、后检测，待检测合格后方可开始施工"，并采取机械持续通风，且每 2h 监测一次，设专人记录并设专人监护	
应在 220kV 常戚 2593 线开关出线电缆终端及出线电缆处设"在此工作"标示牌，并在四周设临时围栏，在围栏上挂"止	

（2）【应合接地刀闸或应装接地线】不涉及进入变电站内的电缆工作，可只填写由工作班组装设的工作接地线。接地线编号由工作负责人填写。变电站内和线路上均有工作时，应将变电站采取的安全措施排在前列，线路上应采取的安全措施排在后面。且与本票第 2 栏顺序保持一致。接地线编号中"××"为单位简称。接地线编号应写明电压等级，具体编号不重号即可。

（3）【应设遮栏、应挂标示牌】正确选择"禁止合闸，有人工作""从此进出""在此工作"标示牌，实施人不可代签。

（4）【工作地点保留带电部分或注意事项】由工作票签发人根据现场情况，明确工作地点及周围所保留的带电部位、带电设备名称和注意事项，工作地点周围有可能误碰、误登、交叉跨越的带电部位和设备等，以及其他需要向检修人员交代的注意事项，此栏不得空白。

（5）【补充工作地点保留带电部分和安全措施】由工作许可人根据现场实际情况，提出和完善安全措施，并注明所采取的安全措施或提醒检修人员必须注意的事项，无补充内容时填写"无"。

（6）【"执行人"和"已执行"栏】在工作许可时，确认对应安全措施完成后，填写执行人姓名，并在"已执行"栏内打"√"。

1）在变电站或发电厂内的电缆工作，由变电站工作许可人确认完成左侧相应的安全措施后，在双方所持工作票"执行人"栏内签名，并在"已执行"栏内打"√"。

2）在线路上的电缆工作，工作负责人应与线路工作许可人逐项核对确认安全措施完成后，在"执行人"栏内填写许可人姓名，并在"已执行"栏内打"√"。采用当面许可方式，线路工作许可人应在"执行人"栏内亲自签名。

3）由检修班组自行装设的接地线或合入的接地刀闸，由工作负责人填写实际执行人姓名，并在"已执行"栏内打"√"。

（7）第一种工作票签发和收到时间应为工作前一天（紧急抢修、消缺除外）。运维人员收到工作票后，对工作票审核无误后，填写收票时间并签名。

（8）承发包工程中，工作票应实行"双签发"形式。签发工作票时，双方工作票签发人在工作票上分别签名，各自承担《安规》工作票签发人相应的安全责任。

续表

步，高压危险"标示牌，标示牌应朝向围栏里面，在围栏入口处挂"在此工作"和"从此进出"标示牌	
【误登杆塔】工作前，应认真核对作业线路双重名称、杆塔号、色标并确认无误	
【高处坠落】作业前作业人员应认真检查安全工器具良好，工作中应正确使用。高处作业、上下杆塔或转移作业位置时不得失去安全保护	
【物体打击】 1）高处作业应一律使用工具袋。较大的工具应使用绳子拴在牢固的构件上。上下传递物品使用绳索，不得上下抛掷。 2）作业点下方按坠落半径设置围栏。 3）链条葫芦、手扳葫芦、吊钩式滑车等装置的吊钩和起重作业使用的吊钩应有防止脱钩的保险装置	

工作票签发人签名：冯×　　2024 年 08 月 19 日 16 时 30 分

工作票会签人签名：何×　　2024 年 08 月 19 日 17 时 05 分

工作票会签人签名：戚×　　2024 年 08 月 19 日 17 时 35 分

7. 确认本工作票 1～6 项

工作负责人签名：张×

8. 补充安全措施

　　无。
_____

　　　　　　　　　　　　　　　　工作负责人签名：张×

9. 工作许可

　　（1）在线路上的电缆工作。

　　　工作许可人 宋× 用 当面 方式许可。

7.【确认签名】工作负责人确认本工作票 1～6 项后签名。

8.【补充安全措施】工作负责人根据工作任务、现场实际情况、工作环境和条件、其他特殊情况等，填写工作过程中存在的主要危险点和防范措施。危险点及防范措施要具体明确。只填写在工作负责人收执的工作票上。特别要强调各作业点（变电站、配电所、线路）工作班之间的相互联系，如电缆涉及试验时，对其他作业人员是否停止作业的控制等措施。

9.【工作许可】
（1）【在线路上的电缆工作】若停电线路作业还涉及其他单位配合停电的线路时，工作负责人应在得到指定的配合停电设备运行管理单位联系人通知这些线路已停电和接地，并履行工作许可书面手续后，才可开始工作。

自 <u>2024</u> 年 <u>08</u> 月 <u>20</u> 日 <u>09</u> 时 <u>05</u> 分起开始工作。

工作负责人签名：<u>张×</u>

（2）在变电站或发电厂内的电缆工作。

安全措施项所列措施中 <u>变电站</u>（变、配电站/发电厂）部分已执行完毕。

工作许可时间 <u>2024</u> 年 <u>08</u> 月 <u>20</u> 日 <u>09</u> 时 <u>30</u> 分。

工作许可人签名：<u>曹×</u>　　负责人签名：<u>张×</u>

（2）【在变电站或发电厂内的电缆工作】若工作涉及两个及以上变电站时，应增加变电站许可栏目，由工作负责人分别与对应站履行相应许可手续。

10. 现场交底，工作班成员确认工作负责人布置的工作任务、人员分工、安全措施和注意事项并签名：

<u>李×、王×、杨××、陈×、赵×、钱×</u>

_____

10.【现场交底签名】所有工作班成员在明确了工作负责人、专责监护人交待的工作任务、人员分工、安全措施和注意事项后，在工作负责人所持工作票上签名，不得代签。

11. 每日开工和收工时间（使用一天的工作票不必填写）

收工时间				工作负责人	工作许可人	开工时间				工作许可人	工作负责人
月	日	时	分			月	日	时	分		
08	20	17	51	张×	宋×、曹×	08	21	06	30	宋×、曹×	张×
08	21	17	25	张×	宋×、曹×	08	22	06	16	宋×、曹×	张×

11.【每日开工和收工时间】对有人值班变电站的检修工作，每日收工，应清扫工作地点，开放已封闭的通路，并将工作票交回运行人员。次日复工时，应得到工作许可人的许可，取回工作票，工作负责人必须重新认真检查安全措施是否符合工作票的要求，并召开现场班会后，方可工作。若无工作负责人或专责监护人带领，工作人员不得进入工作地点。对无人值班变电站的检修工作，当日收工时，工作负责人应电话告知运行班组值班员当日工作收工，双方分别在各自所持的工作票的相应栏内填写时间、姓名。次日复工前，工作负责人应检查安全措施完好、与运行班组值班员电话联系，在得到许可后，工作许可人、工作负责人分别在各自所持工作票相应栏内填写开工时间、姓名后方可开始工作。

12. 工作票延期

有效期延长到_____年___月___日___时___分。

工作负责人签名：_____　　_____年___月___日___时___分

工作许可人签名：_____　　_____年___月___日___时___分

12.【工作票延期】工作需延期，应在工作计划结束时间前由工作负责人向工作许可人提出申请，办理延期手续。对于需经调度许可的工作，工作许可人还应得到调度许可后，方可与工作负责人办理工作票延期手续。工作票只能延期一次。

13. 工作负责人变动情况

原工作负责人_____离去，变更_____为工作负责人。

工作票签发人签名：_____　　_____年___月___日___时___分

13.【工作负责人变动情况】经工作票签发人同意，在工作票上填写离去和变更的工作负责人姓名及变动时间，同时通知全体作业人员及工作许可人；如工作票签发人无法当面办理，应通过电话通知工作许可人，由工作许可人和原工作负责人在各自所持工作票上填写工作负责人变更情况，并代工作票签发人签名。
工作负责人的变动必须是在该工作票许可之后，如在工作票许可之前需变更工作负责人，则应由工作票签发人重新签发工作票。

14. 工作人员变动情况（变动人员姓名、日期及时间）

_____

_____

工作负责人签名：_____

15. 工作终结

（1）在线路上的电缆工作。

作业人员已全部撤离，材料工具已清理完毕，工作终结；所装的工作接地线共 <u>1</u> 副已全部拆除，于 <u>08</u> 月 <u>22</u> 日 <u>17</u> 时 <u>15</u> 分工作负责人向工作许可人 <u>宋×</u> 用 <u>当面</u> 方式汇报。

工作负责人签名：<u>张×</u>

（2）在变、配电站或发电厂内的电缆工作。

在 <u>220kV 常州变</u>（变、配电站/发电厂）工作于 <u>2024</u> 年 <u>08</u> 月 <u>22</u> 日 <u>17</u> 时 <u>30</u> 分结束，设备及安全措施已恢复至开工前状态，作业人员已全部撤离，材料工具已清理完毕。

工作许可人签名：<u>曹×</u>　　工作负责人签名：<u>张×</u>

16. 工作票终结

临时遮栏、标示牌已拆除，常设遮栏已恢复。

未拆除的接地线编号 <u>无</u> 共 <u>0</u> 组。

未拉开接地刀闸编号 <u>25934</u> 共 <u>1</u> 副（台），已汇报调度。

工作许可人签名：<u>曹×</u>　　<u>2024</u> 年 <u>08</u> 月 <u>22</u> 日 <u>17</u> 时 <u>55</u> 分

17. 备注

（1）指定专责监护人 <u>李×</u> 负责监护 <u>杨××</u> 在 1 号杆进行验电、接地以及后续电缆终端制作、电缆终端引线搭接工作。（地点及具体工作。）

（2）其他事项 <u>无</u>。

_____

14.【工作人员变动情况】经工作负责人同意，工作人员方可新增或离开。新增人员应在工作负责人所持工作票第 8 栏签名确认后方可参加工作。本处由工作负责人负责填写。班组人员每次发生变动，工作负责人要签字。人员变动情况填写格式：××××年××月××日××时××分，××、××加入（离去）。

15.【工作终结】
（1）对于电缆工作所涉及的线路，工作负责人应与线路工作许可人（停送电联系人或调度）办理工作终结手续。工作负责人、工作许可人双方在工作票的工作终结栏相应处签名。如果工作终结手续是以电话方式办理，则由工作负责人在自己手中的工作票上代线路工作许可人签名。
（2）对于在变电站、配电所内进行的工作，工作负责人应会同工作许可人（值班人员）共同组织验收。在验收结束前，双方均不得变更现场安全措施。验收后，工作负责人、工作许可人双方在工作票的工作终结栏相应处签名。
（3）在涉及线路和变电站工作的情况下，上述（1）、（2）的要求全部满足后，工作终结手续才告完成。工作终结时间不应超出计划工作时间或经批准的延期时间。

16.【工作票终结】工作变电站工作许可人在完成工作票的工作终结手续后，应拆除工作票上所要求的安全措施，恢复常设遮栏。在拉开检修设备的接地刀闸或拆除接地线后，应在本变电站所持的工作票上填写"未拆除的接地线编号×#、×#接地线共×组"或"未拉开接地刀闸编号×#、×#接地刀闸共×副（台）"，未拆除的接地线、接地刀闸汇报调度员后，方告工作票终结。工作许可人在工作票上签名并填写工作票终结时间。

17.【备注】
（1）此处应明确被监护的人员、地点及具体工作内容。验电、挂拆接地工作要指定专责监护人并在备注栏填写。使用吊车的作业应在工作票备注栏指定吊车指挥。邻近带电线路等特殊环境使用吊车的应安排专人监护，并在工作票备注栏指定专责监护人。
（2）专职监护人不得参加工作，如此监护人需监护其他作业，必须写明之前的监护工作已经结束，同时再次明确新的监护工作、地点和被监护人。
（3）涉及多小组工作，应在此处填写说明。如：本工作涉及×个工作小组，有×份小组任务单。工作过程中如任务单数量发生变化应及时变更。如20××年××月××日，小组任务单数量变更为×份。
（4）其他需要交代或需要记录的事项，若无其他需要交代或记录的事项，应填写"无"。
（5）对于工作开始前，票中预安排的工作班成员，如未能在开工时参与现场安全交底，整体作业开工时，需在备注栏对相关情况说明，如"工作班成员×××作业开工时，未到场参与工作。"无需在工作票"工作人员变动情况"栏进行人员变动。相关预安排人员实际参与现场作业时，应在备注栏对相关情况说明，如"××××年××月××日××时××分，××、××已接受安全交底并签字，可参与现场工作"。

3.5 220kV 水北变电站已投运间隔出线电缆搭接

一、作业场景情况

（一）工作场景

水创 4M88 开关间隔已为调度管辖设备；一次相邻：220kV 水河 4Y77 开关间隔、220kV 水河 4Y78 开关间隔带电。

（二）工作任务

水创 4M88 开关间隔出线电缆与所内引线搭接工作。

（三）停电范围

无。

（四）票种选择建议

变电站第一种工作票。

（五）人员分工及安排

本次工作作业点（220kV 场地：220kV 水创 4M883 闸刀、新扩 220kV 水创 4M88 线电压互感器及避雷器、新扩 220kV 水创 4M88 线电缆终端），参与本次工作的共 6 人（含工作负责人），具体分工为：

潘×（工作负责人）：负责工作的整体协调组织，所内引线搭接时进行监护。

变电一班：田××（工作班成员）：所内引线搭接工作。

线路一班：张××、周×、李四（工作班成员）：所内引线搭接工作。

（六）场景接线图

220kV 水北变电站已投运间隔出线电缆搭接场景接线图见图 3-5。

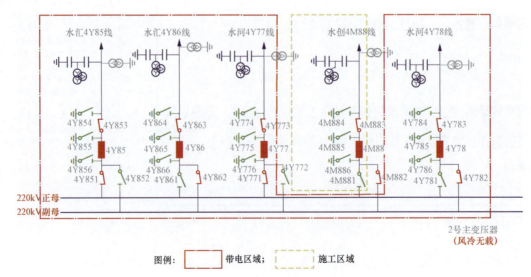

图 3-5 220kV 水北变电站已投运间隔出线电缆搭接场景接线图

二、工作票样例

变电站第一种工作票

单　位：××××电力建设有限公司　　变电站：交流 220kV 水北变

编　号：Ⅰ202403001

1. 工作负责人（监护人）： 潘×　　**班　组：** 综合班组

1.【班组】对于包含工作负责人在内有两个及以上的班组人员共同进行的工作，应填写"综合班组"。

2. 工作班人员（不包括工作负责人）

变电一班：田××；共 1 人。

线路一班：张××、周×、李×；共 3 人。

共 __4__ 人

2.【工作班人员】人员应取得准入资质，安排的人员应进行承载力分析，确保人数适当、充足；如有特种作业应安排具备相应资质的特种作业人员。不同单位需分行填写。
【共×人】不包括工作负责人。

3. 工作的变、配电站名称及设备双重名称

交流 220kV 水北变：220kV 水创 4M883 闸刀、220kV 水创 4M88 线电压互感器及避雷器、新扩 220kV 水创 4M88 线电缆终端。

3.【工作的变、配电站名称及设备双重名称】设备双重名称与第 4 项"工作任务"栏内一致。

4. 工作任务

4.【工作任务】不同地点的工作应分行填写；工作地点与工作内容一一对应。

工作地点及设备双重名称	工作内容
220kV 场地：220kV 水创 4M883 闸刀、220kV 水创 4M88 线电压互感器及避雷器、新扩 220kV 水创 4M88 线电缆终端	220kV 水创 4M883 闸刀至 220kV 水创 4M88 线电压互感器及避雷器连线拆搭，新扩 220kV 水创 4M88 线电缆终端与所内引线搭接

5. 计划工作时间

自 2024 年 03 月 01 日 08 时 00 分至 2024 年 03 月 01 日 18 时 00 分。

5.【计划工作时间】填写计划检修起始时间和结束时间，该时间应在调度批准的检修时间段内。

6. 安全措施（必要时可附页绘图说明，红色表示有电）

6.【安全措施】
（1）应拉断路器（开关）、隔离开关（刀闸），分别填写变电站内变电运维人员采取的安全措施和线路运维人员采取的安全措施。变电站部分应填写变电站或线路名称和各侧断路器（开关）、隔离开关（刀闸）、熔断器等。

应拉断路器（开关）、隔离开关（刀闸）	已执行*
应拉开 4M88 开关	√

续表

应分开 4M88 开关操作电源、储能电源空气开关	✓
应将 4M88 开关"远方/就地"转换开关由"远方"位置切至"就地"位置	✓
应拉开 4M883 闸刀	✓
应分开 4M883 闸刀操作电源、电机电源空气开关	✓
应装接地线、应合接地刀闸（注明确实地点、名称及接地线编号*）	已执行*
应合上 4M884 接地刀闸（借用）	✓
应合上 4M886 接地刀闸（借用）	✓
应设遮栏、应挂标示牌及防止二次回路误碰等措施	已执行*
应在 4M883 闸刀操作把手（机构箱）上挂"禁止合闸，有人工作"标示牌	✓
应在 220kV 水创 4M883 闸刀、220kV 水创 4M88 线电压互感器及避雷器、新扩 220kV 水创 4M88 线电缆终端四周设硬质围栏，在围栏上挂"止步，高压危险"标示牌，并在围栏入口处挂"在此工作"和"从此进出"标示牌	✓
应在 220kV 水创 4M883 闸刀、220kV 水创 4M88 线电压互感器及避雷器、新扩 220kV 水创 4M88 线电缆终端处挂"在此工作"标示牌	✓

*已执行栏目及接地线编号由工作许可人填写。

工作地点保留带电部分或注意事项（由工作票签发人填写）	补充工作地点保留带电部分和安全措施（由工作许可人填写）
4M88 开关母线侧带电； 一次相邻：220kV 水河 4Y77 开关间隔、220kV 水河 4Y78 开关间隔带电； 1）工作中注意与 220kV 设备带电部位保持 3m 及以上安全距离，工作中注意与 110kV 设备带电部位保持 1.5m 及以上安全距离。 2）高处作业人员使用试验合格的安全带，使用绳索传递物品，严禁抛掷；	无

（2）应装接地线、应合接地刀闸（注明确实地点、名称及接地线编号*），填写应工作班装设接地线的确切位置、地点。若工作地段内无法装设接地线，可向工作许可人借用操作接地线，此时"接地线编号"应填写操作接地线的编号并在编号后注明"（借用）"。

（3）设遮栏、应挂标示牌及防止二次回路误碰等措施，根据现场具体情况而采取的安全措施或注意事项。

（4）工作地点保留带电部分或注意事项，本次工作主要风险点为高处作业和邻近带电作业：【安全距离】【安全带】【保安接地线】。

（5）补充工作地点保留带电部分和安全措施（由工作许可人填写），根据现场的实际情况，工作许可人对工作地点保留的带电部分予以补充，不得照抄工作票签发人填写内容，应注明所采取的安全措施或提醒检修人员必须注意的事项。若没有则填"无"，不得空白。

续表

3）工作中防止感应电伤人，在感应电较大的区域，应规范使用个人保安线	

工作票签发人签名：<u>芮××</u>　　签发时间：<u>2024</u>年<u>02</u>月<u>28</u>日<u>17</u>时<u>00</u>分

工作票会签人签名：<u>马×</u>　　签发时间：<u>2024</u>年<u>02</u>月<u>28</u>日<u>18</u>时<u>00</u>分

7. 收到工作票时间<u>2024</u>年<u>02</u>月<u>28</u>日<u>20</u>时<u>30</u>分。

运行值班人员签名：<u>郭×</u>

8. 确认本工作票1～6项，许可工作开始

工作负责人签名：<u>潘×</u>　　工作许可人签名：<u>郭×</u>

许可开始工作时间<u>2024</u>年<u>03</u>月<u>01</u>日<u>9</u>时<u>30</u>分。

9. 现场交底，工作班成员确认工作负责人布置的工作任务、安全措施和危险点及防范措施，工作班组人员签名：

<u>田××、张××、周×、李四</u>

<u>李×</u>

10. 工作负责人变动情况

原工作负责人_____离去，变更_____为工作负责人。

工作票签发人：_____　　签发时间：_____年___月___日___时___分

11. 工作人员变动情况（变动人员姓名、变动日期及时间）

<u>2024</u>年<u>03</u>月<u>01</u>日<u>13</u>时<u>20</u>分，张××离去、李×加入。工作负责人：

<u>潘×</u>

工作负责人签名：<u>潘×</u>

12. 工作票延期

有效期延长到_____年___月___日___时___分。

工作负责人签名：_____　　签发时间：_____年___月___日___时___分

工作许可人签名：_____　　签发时间：_____年___月___日___时___分

（6）工作票签发人和会签人签名确认工作票1～6项无误后，分别进行签名，填入时间。

7.【收到工作票时间】
第一种工作票签发和收到时间应为工作前一天（紧急抢修、消缺除外）。
运维人员收到工作票后，对工作票审核无误后，填写收票时间并签名。

8.【工作许可】
许可开始工作时间不得提前于计划工作开始时间。本次工作涉及变电、线路两个专业，变电与线路许可的线路或设备应分开填写。（变电许可人对变电许可的线路或设备负责，应取得变电许可资质）。

9.【交底签名】
所有工作班成员在明确了工作负责人、专责监护人交待的工作任务、人员分工、安全措施和注意事项后，在工作负责人所持工作票上签名，不得代签。

10.【工作负责人变动情况】
经工作票签发人同意，在工作票上填写离去和变更的工作负责人姓名及变动时间，同时通知全体作业人员及工作许可人；如工作票签发人无法当面办理，应通过电话通知工作许可人，由工作许可人和原工作负责人在各自所持工作票上填写工作负责人变更情况，并代工作票签发人签名。
工作负责人的变动必须是在该工作票许可之后，如在工作票许可之前需变更工作负责人，则应由工作票签发人重新签发工作票。

11.【工作人员变动情况】
工作人员变动后，工作负责人应及时在所持工作票上写明变动人员姓名、变动日期、时间，并签名。人员变动情况填写格式为：××××年××月××日××时××分，××、××加入（离去）。
班组人员每次发生变动，工作负责人要在工作票上即时注明变动情况并签名，不得最后一并签名。

12.【工作票延期】
工作需延期，应在工作计划结束时间前由工作负责人向工作许可人提出申请，办理延期手续。对于需经调度许可的工作，工作许可人还应得到调度许可后，方可与工作负责人办理工作票延期手续。工作票只能延期一次。

13. 每日开工和收工时间（使用一天的工作票不必填写）

收工时间	工作负责人	工作许可人	开工时间	工作许可人	工作负责人
年　月　日 时　分			年　月　日 时　分		
年　月　日 时　分			年　月　日 时　分		
年　月　日 时　分			年　月　日 时　分		
年　月　日 时　分			年　月　日 时　分		

14. 工作终结

　　全部工作于 <u>2024</u> 年 <u>03</u> 月 <u>01</u> 日 <u>14</u> 时 <u>30</u> 分结束，设备及安全措施已恢复至开工前状态，工作人员已全部撤离，材料工具已清理完毕，工作已终结。

工作负责人签名：<u>潘×</u>　　工作许可人签名：<u>郭×</u>

15. 工作票终结

　　临时遮栏、标示牌已拆除，常设遮栏已恢复。

　　已拆除的接地线编号 <u>无</u> 共 <u>0</u> 组；

　　已拉开接地刀闸编号 <u>4M886、4M884</u> 共 <u>2</u> 副（台）。

　　未拆除的接地线编号 <u>无</u> 共 <u>0</u> 组；

　　未拉开接地刀闸编号 <u>无</u> 共 <u>0</u> 副（台）；

　　已汇报调度值班员。

工作许可人签名：<u>郭××</u>　　签名时间：<u>2024</u> 年 <u>03</u> 月 <u>01</u> 日 <u>16</u> 时 <u>00</u> 分

16. 备注

　　（1）指定专责监护人_____ 负责监护_____

13.【每日开工和收工时间（使用一天的工作票不必填写）】
工作负责人和工作许可人分别签名确认每日开工和收工时间。

14.【工作终结】
工作终结时间不应超出计划工作时间或经批准的延期时间。

15.【工作票终结】
工作负责人应将现场所拆的接地线、接地刀闸编号和数量填写齐全，并现场清点，不得遗漏。待工作票上安全措施均已拆除，汇报调度后，工作许可人方可进行"工作票终结"手续。

16.【备注】
（1）此处应明确被监护的人员、地点及具体工作内容。根据现场情况指定专责监护人并在备注栏填写。使用吊车的作业应在工作票备注栏指定吊车指挥。邻近带电线路等特殊环境使用吊车的应设专人监护，并在工作票备注栏指定专责监护人。
（2）专职监护人不得参加工作，如此监护人需监护其他作业，必须写明之前的监护工作已经结束，同时再写明确新的监护工作、地点和被监护人。
（3）涉及多小组工作，应在此处填写说明。如：本工作涉及×个工作小组，有×份小组任务单。工作过程中如任务单数量发生变化应及时变更。如20××年××月××日，小组任务单数量变更为×份。
（4）其他需要交代或需要记录的事项，若无其他需要交代或记录的事项，应填写"无"。
（5）对于工作开始前，票中预安排的工作班成员，如未能在开工时参与现场安全交底的，整体作业开工时，需在备注栏对相关情况说明，如"工作班成员×××作业开工时，未到场参与工作。"无需在工作票"工作人员变动情况"栏进行人员变动。相关预安排人员实际参与现场作业时，应在备注栏对相关情况说明，如"××××年××月××日××时××分，××、××已接受安全交底并签字，可参与现场工作"。

```
┌─────────────────────────────────────────────────────┐
│ _____ │
│                                                      │
│ （地点及具体工作。）                                  │
│  （2）其他事项：无。_____  │
│                                                      │
│ _____ │
└─────────────────────────────────────────────────────┘
```

3.6　220kV 水北变电站在建间隔出线电缆搭接

一、作业场景情况

（一）工作场景

水创 4M88 开关间隔基建安装中；一次相邻：220kV 水河 4Y77 开关间隔、220kV 水河 4Y78 开关间隔带电。

（二）工作任务

4M88 间隔电缆出线搭接。

（三）停电范围

无。

（四）票种选择建议

变电站第二种工作票。

（五）人员分工及安排

本次作业点（220kV 场地：220kV 水河 4Y77 开关构架、220kV 水河 4Y774 闸刀、220kV 水河 4Y77 线线路避雷器），参与本次工作的共 6 人（含工作负责人），具体分工为：

张××（工作负责人）：负责工作的整体协调组织，所内引线搭接时进行监护。

变电一班：陈×（工作班成员）：所内引线搭接工作。

线路一班：潘×、张三、李四、王五（工作班成员）：所内引线搭接工作。

（六）场景接线图

220kV 水北变电站在建间隔出线电缆搭接场景接线图见图 3-6。

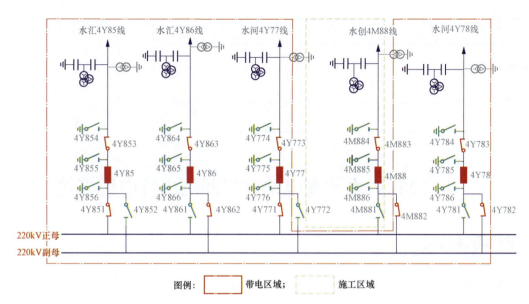

图例：☐ 带电区域； ☐ 施工区域

图 3-6 220kV 水北变电站在建间隔出线电缆搭接场景接线图

二、工作票样例

变电站第二种工作票

单　位：××××电力建设有限公司　　　**变电站：**交流 220kV 水北变

编　号：Ⅱ202403041

1. 工作负责人（监护人）：张××　　　**班　组：**综合班组

2. 工作班人员（不包括工作负责人）

变电一班：陈×；共 1 人。

线路一班：潘×、张三、李四、王五；共 4 人。

共 5 人

3. 工作的变、配电站名称及设备双重名称

交流 220kV 水北变：220kV 水创 4M883 闸刀、新扩 220kV 水创 4M88
线线路电压互感器及避雷器、新扩 220kV 水创 4M88 线电缆终端。

【票种选择】本次作业为变电站停电工作，使用变电站第二种工作票，无需增持其他票种。
单位栏应填写工作负责人所在的单位名称；系统开票编号栏由系统自动生成；系统故障时，手工填写时应遵循：单位简称+××××（年份）××（月份）+×××。

1.【班组】对于包含工作负责人在内有两个及以上的班组人员共同进行的工作，应填写"综合班组"。

2.【工作班人员】人员应取得准入资质，安排的人员应进行承载力分析，确保人数适当、充足；如有特种作业应安排具备相应资质的特种作业人员。不同单位需分行填写。
【共×人】不包括工作负责人。

3.【工作的变、配电站名称及设备双重名称】设备双重名称与第 4 项"工作任务"栏内一致。

4. 工作任务

工作地点及设备双重名称	工作内容
220kV 场地：220kV 水创 4M883 闸刀、新扩 220kV 水创 4M88 线线路电压互感器及避雷器、新扩 220kV 水创 4M88 线电缆终端	220kV 水创 4M88 线出线电缆搭接

4.【工作任务】不同地点的工作应分行填写；工作地点与工作内容一一对应。

5. 计划工作时间

自 2024 年 03 月 01 日 08 时 00 分至 2024 年 03 月 01 日 18 时 00 分。

5.【计划工作时间】填写计划检修起始时间和结束时间，该时间应在调度批准的检修时间段内。

6. 工作条件（停电或不停电，或邻近及保留带电设备名称）

不停电。

6.【工作条件】根据现场实际填写。

7. 注意事项（安全措施）

设备均在运行中；工作中注意与 220kV 设备带电部位保持 3.0m 及以上安全距离；在工作区域设置安全围栏并悬挂相应的警示牌；工作中防止感应电伤人，在感应电较大的区域，应规范使用个人保安线，工作负责人应始终在现场，加强监护，注意安全，严禁未经许可设备接入内网。

工作票签发人签名：芮×× 　　签发时间：2024 年 02 月 28 日 15 时 00 分

工作票会签人签名：马× 　　签发时间：2024 年 02 月 28 日 17 时 00 分

7.【注意事项】根据现场具体情况而采取的安全措施或注意事项。

8. 补充安全措施（工作许可人填写）

无。

8.【补充安全措施】不得照抄工作票签发人填写内容，应注明所采取的安全措施或提醒检修人员必须注意的事项。若没有则填"无"，不得空白。

9. 确认本工作票 1～8 项

许可开始工作时间 2024 年 03 月 01 日 08 时 40 分。

工作许可人签名：马× 　　**工作负责人签名：**张××

9.【确认本工作票 1～8 项】许可开始工作时间不得提前于计划工作开始时间。

10. 现场交底，工作班成员确认工作负责人布置的工作任务、安全措施和危险点及防范措施，工作班组人员签名：

陈×、潘×、张三、李四、王五

10.【交底签名】
所有工作班成员在明确了工作负责人、专责监护人交待的工作任务、人员分工、安全措施和注意事项后，在工作负责人所持工作票上签名，不得代签。

李×

11. 工作票延期

有效期延长到_____年__月__日__时__分。

工作负责人签名：_____　签发时间：_____年__月__日__时__分

工作许可人签名：_____　签发时间：_____年__月__日__时__分

12. 工作负责人变动情况

原工作负责人_____离去，变更_____为工作负责人。

工作票签发人：_____　签发时间：_____年__月__日__时__分

13. 工作人员变动情况（变动人员姓名、变动日期及时间）

2024 年 03 月 01 日 13 时 20 分，陈×离去、李×加入。工作负责人：张××

工作负责人签名：张××

14. 每日开工和收工时间（使用一天的工作票不必填写）

收工时间	工作负责人	工作许可人	开工时间	工作许可人	工作负责人
年　月　日 时　　分			年　月　日 时　　分		
年　月　日 时　　分			年　月　日 时　　分		
年　月　日 时　　分			年　月　日 时　　分		

15. 工作票终结

全部工作于 2024 年 03 月 01 日 14 时 30 分结束，工作人员已全部撤离，材料工具已清理完毕。

工作负责人签名：张××

11.【工作票延期】

工作需延期，应在工作计划结束时间前由工作负责人向工作许可人提出申请，办理延期手续。对于需经调度许可的工作，工作许可人还应得到调度许可后，方可与工作负责人办理工作票延期手续。工作票只能延期一次。

12.【工作负责人变动情况】

经工作票签发人同意，在工作票上填写离去和变更的工作负责人姓名及变动时间，同时通知全体作业人员及工作许可人；如工作票签发人无法当面办理，应通过电话通知工作许可人，由工作许可人和原工作负责人在各自所持工作票上填写工作负责人变更情况，并代工作票签发人签名。

工作负责人的变动必须是在该工作票许可之后，如在工作票许可之前需变更工作负责人，则应由工作票签发人重新签发工作票。

13.【工作人员变动情况】

工作人员变动后，工作负责人应及时在所持工作票上写明变动人员姓名、变动日期及时间，并签名。人员变动情况填写格式为：××××年××月××日××时××分，××、××加入（离去）。班组人员每次发生变动，工作负责人要在工作票上即时注明变动情况并签名，不得最后一并签名。

14.【每日开工和收工时间（使用一天的工作票不必填写）】

工作负责人和工作许可人分别签名确认每日开工和收工时间。

15.【工作票终结】

工作负责人应将现场所拆的接地线、接地刀闸编号和数量填写齐全，并现场清点，不得遗漏。待工作票上安全措施均已拆除，汇报调度后，工作许可人方可进行"工作票终结"手续。

工作许可人签名：<u>马×</u>

16. 备注

<u>无。</u>

16.【备注】

（1）此处应明确被监护的人员、地点及具体工作内容。根据现场情况指定专责监护人并在备注栏填写。使用吊车的作业应在工作票备注栏指定吊车指挥。邻近带电线路等特殊环境使用吊车的应设专人监护，并在工作票备注栏指定专责监护人。

（2）专职监护人不得参加工作，如此监护人需监护其他作业，必须写明之前的监护工作已经结束，同时再次明确新的监护工作、地点和被监护人。

（3）涉及多小组工作，应在此处填写说明。如：本工作涉及×个工作小组，有×份小组任务单。工作过程中如任务单数量发生变化应及时变更。如 20××年××月××日，小组任务单数量变更为×份。

（4）对于工作开始前，票中预安排的工作班成员，如未能在开工时参与现场安全交底的，整体作业开工时，需在备注栏对相关情况说明，如"工作班成员×××作业开工时，未到场参与工作。"无需在工作票"工作人员变动情况"栏进行人员变动。相关预安排人员实际参与现场作业时，应在备注栏对相关情况说明，如"××××年××月××日××时××分，××、××已接受安全交底并签字，可参与现场工作"。

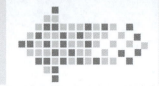

第4章 输电带电作业

4.1 220kV 输电线路带电（等电位）更换防振锤

一、作业场景情况

（一）工作场景

本次工作为 220kV 朱牵 46B6 线带电更换 018 号塔 A 相（下相）大号侧防振锤。

工作线路：220kV 朱牵 46B6 线。

周边环境：工作地段位于农田内，无跨越铁路、公路、河流等影响施工的其他环境因素。

（二）工作任务

更换防振锤：带电更换 018 号塔 A 相（下相）大号侧防振锤。

（三）停电范围

无。

保留带电部位：220kV 朱牵 46B6 线带电运行。

（四）票种选择建议

电力线路带电作业工作票。

（五）人员分工及安排

本次工作作业点（018 号塔），参与本次工作的共 6 人（含工作负责人），具体分工为：

项××（工作负责人）：依据《安规》履行工作负责人安全职责。

徐××（专责监护人）：负责对张××、高×塔上作业进行监护。

张××（工作班成员）：地电位作业人员配合地面人员安装、拆除软梯。

高×（工作班成员）：等电位作业人员沿软梯进出电场，拆除旧防振锤、安装新防振锤。

秦××、李×（工作班成员）：检查工器具合格完备，配合塔上人员安装、拆除软梯，做好地面辅助工作。

（六）场景接线图

220kV 输电线路带电（等电位）更换防振锤场景接线图见图 4-1。

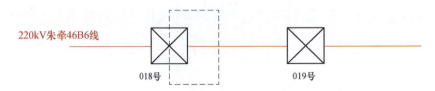

图 4-1　220kV 输电线路带电（等电位）更换防振锤场景接线图

、工作票样例

电力线路带电作业工作票

单　位：输电运检中心　　编　号：D202408001

1. 工作负责人（监护人）：项××　　　班　组：带电作业班

2. 工作班人员（不包括工作负责人）

带电作业班：徐××、李×、张××、高×、秦××。

共 5 人

3. 工作任务

线路或设备名称	工作地点、范围	工作内容
220kV 朱牵 46B6 线	018 号	带电更换 018 号塔 A 相（下相）大号侧防振锤

4. 计划工作时间

自 2024 年 08 月 17 日 08 时 00 分至 2024 年 08 月 17 日 14 时 00 分。

5. 停用重合闸线路（应写线路双重名称）

停用 220kV 朱牵 46B6 线重合闸。

6. 工作条件（等电位、中间电位或地电位作业，或邻近带电设备名称）

等电位作业。

7. 注意事项（安全措施）

（1）作业人员登塔前仔细核对线路的识别标记和线路名称、杆号无误后

【票种选择】本次作业为带电作业，使用电力线路带电作业工作票。

单位栏应填写工作负责人所在的单位名称；系统开票编号栏由系统自动生成；系统故障时，手工填写时应遵循：单位简称+××××（年份）××（月份）+×××。

1.【工作负责人】带电作业的工作负责人应由具有带电作业资质、带电作业实践经验的人员担任。

【班组】对于两个及以上班组共同进行的工作，填写"综合班组"。

2.【工作班人员】人员应取得准入资质，安排的人员应进行承载力分析，确保人数适当、充足；参加带电作业的人员，应经专门培训，并经考试合格取得资格、单位批准后，方能参加相应的作业。不同单位需分行填写。

【共×人】不包括工作负责人。

3.【工作任务】不同地点的工作应分行填写；工作地点与工作内容一一对应。

4.【计划工作时间】填写已批准的检修期限，工作时间应在调度批复的停电时间内。

5.【停用重合闸线路】需要停用重合闸或直流线路再启动功能的作业写明线路双重名称；不停用线路重合闸也应写明，不可空白。

6.【工作条件】填写所选择的带电作业方式；工作地点若存在邻近的带电设备名称则一并填写。

方可攀登。

（2）作业前作业人员应认真检查安全工器具良好，工作中应正确使用。高处作业、上下杆塔或转移作业位置时不得失去安全保护。

（3）工作地点下方按照高空坠落半径装设围栏（网），入口处悬挂"从此进出""在此工作"标示牌。作业时封闭入口，并向外悬挂"止步，高压危险"标示牌。

（4）高处作业应一律使用工具袋，较大的工具应使用绳子拴在牢固构件上。

（5）上下传递物品应使用绝缘无极绳索，不得上下抛掷。

（6）用绝缘绳索传递大件金属物品（包括工具、材料等）时，杆塔或地面上作业人员应将金属物品接地后再接触，以防电击。绝缘绳索的有效绝缘长度不小于（220kV）1.8m。

（7）杆塔上作业人员必须穿合格的全套屏蔽服，且各部分应连接良好，屏蔽服任意两点之间电阻值均不得大于20Ω。

（8）绝缘工具使用前应用2500V及以上的绝缘检测仪进行分段绝缘检测，阻值不应低于700MΩ，操作绝缘工具时应戴清洁、干燥的手套。

（9）地电位作业人员与带电体间的安全距离不小于（220kV）1.8m，使用的绝缘操作杆有效绝缘长度不小于（220kV）2.1m。

（10）等电位作业人员与接地体的距离不小于（220kV）1.8m，与邻相导线的距离不小于（220kV）2.5m。等电位作业人员在进入强电场时，与接地体和带电体两部分间隙组成的组合间隙不小于（220kV）2.1m。等电位作业人员转移电位前应得到工作负责人的许可，转移电位时人体裸露部分与带电体的距离不小于（220kV）0.3m。

（11）等电位作业人员与地电位作业人员传递工具和材料时，应使用绝缘工具或绝缘绳索进行，其有效长度不应小于（220kV）1.8m。

（12）带电作业应在良好天气下进行。如遇雷电（听见雷声、看见闪电）、雪雹、雨雾时不得进行带电作业。风力大于5级、相对空气湿度大于80%时，不宜进行带电作业。

（13）严格按照已批准的作业方案执行。

工作票签发人签名：耿××　　**签发时间：**2024年08月16日15时50分

7.【工作票签发人签名】确认工作票1～7项无误后，工作票签发人进行签名并填入时间。带电作业的工作票签发人应由具有带电作业资质、带电作业实践经验的人员担任。

8. 确认本工作票 1～7 项

工作负责人签名：<u>项××</u>

9. 工作许可

调控许可人（联系人）：<u>王××</u>

许可时间：<u>2024</u> 年 <u>08</u> 月 <u>17</u> 日 <u>09</u> 时 <u>30</u> 分

工作负责人签名：<u>项××</u>　　　<u>2024</u> 年 <u>08</u> 月 <u>17</u> 日 <u>09</u> 时 <u>33</u> 分

10. 指定：<u>徐××</u> **为专责监护人。**　　**专责监护人签名：**<u>徐××</u>

11. 补充安全措施（工作负责人填写）

<u>无。</u>

12. 现场交底，工作班成员确认工作负责人布置的工作任务、人员分工、安全措施和注意事项并签名：

<u>徐××、李×、张××、高×、秦××</u>

13. 工作终结汇报调控许可人（联系人）<u>王××</u>。

工作负责人签名：<u>项××</u>　　　<u>2024</u> 年 <u>08</u> 月 <u>17</u> 日 <u>12</u> 时 <u>10</u> 分

14. 备注

<u>指定专责监护人徐××负责监护张××在 220kV 朱牵 46B6 线 018 号塔 A 相大号侧导线安装、拆除软梯；指定专责监护人徐××监护高×在 220kV 朱牵 46B6 线 018 号塔攀爬软梯、进出电场和带电更换 A 相大号侧防振锤。</u>

8.【确认签名】确认工作票 1～7 项无误后，工作票负责人进行签名。

9.【工作许可】调控人员直接许可开工时，填写该调控员姓名，并填写许可开工时间。由设备运维管理单位联系人许可开工时，填写该联系人姓名，并填写许可开工时间。许可时间不应早于计划工作开始时间。接到许可后，工作负责人手工签名并填写签名时间，注意签名时间不应早于许可时间。

10.【专责监护人】带电作业的专责监护人应由具有带电作业资质、带电作业实践经验的人员担任。专责监护人手工签名。

11.【补充安全措施】由工作负责人根据现场具体情况进行补充，没有则填"无"。

12.【现场交底签名】每个工作班成员履行签名手续，不得漏签、代签。

13.【工作终结】工作终结后，工作负责人应及时汇报许可人并办理工作终结手续。工作负责人手工签名并填写终结时间，注意终结时间不应晚于计划结束时间。工作一旦终结，任何工作人员不得进入工作现场。

14.【备注】

（1）此处应写明确被监护的人员、地点及具体工作内容。根据现场实际指定专责监护人并在备注栏填写。

（2）专职监护人不得参加工作，如此监护人需监护其他作业，必须写明之前的监护工作已经结束，同时再次明确新的监护工作、地点和被监护人。

（3）涉及多小组工作，应在此处填写说明。如：本工作涉及×个工作小组，有×份小组任务单。工作过程中如任务单数量发生变化应及时变更。如 20××年××月××日，小组任务单数量变更为×份。

（4）其他需要交代或需要记录的事项，若无其他需要交代或记录的事项，应填写"无"。

（5）对于工作开始前，票中预排的工作班成员，如未能在开工时参与现场安全交底的，整体作业开工时，需在备注栏对相关情况说明，如"工作班成员×××作业开工时，未到场参与工作。"无需在工作票"工作人员变动情况"栏进行人员变动。相关预安排人员实际参与现场作业时，应在备注栏对相关情况说明，如"××××年××月××日××时××分，××、××已接受安全交底并签字，可参与现场工作"。

4.2　500kV 输电线路带电（中间电位）更换耐张单片绝缘子

一、作业场景情况

（一）工作场景

本次工作为 500kV 伊上 5251 线带电更换 120 号塔 B 相小号侧耐张单片绝缘子。

工作线路：500kV 伊上 5251 线。

周边环境：工作地段位于农田内，无跨越铁路、公路、河流等影响施工的其他环境因素。

（二）工作任务

更换耐张单片绝缘子：带电更换 120 号塔 B 相小号侧耐张单片绝缘子。

（三）停电范围

无。

保留带电部位：500kV 伊上 5251 线带电运行。

（四）票种选择建议

电力线路带电作业工作票。

（五）人员分工及安排

本次作业点（120 号塔），参与本次工作的共 6 人（含工作负责人），具体分工为：

项××（工作负责人）：负责工作的整体协调组织。

徐××（专责监护人）：负责对张××、高×塔上作业进行监护。

张××（工作班成员）：使用零值绝缘子检测仪复测绝缘子。

高×（工作班成员）：沿绝缘子进出电场，取下不良绝缘子，更换新绝缘子。

秦××、李×（工作班成员）：检查工器具合格完备，做好地面辅助工作。

（六）场景接线图

500kV 输电线路带电（中间电位）更换耐张单片绝缘子场景接线图见图 4-2。

图 4-2　500kV 输电线路带电（中间电位）更换耐张单片绝缘子场景接线图

二、工作票样例

<table>
<tr><td>

电力线路带电作业工作票

单　位：输电运检中心　　编　号：D202405001

1. 工作负责人（监护人）： 项××　　**班　组：** 带电作业班

2. 工作班人员（不包括工作负责人）

带电作业班：徐××、李×、张××、高×、秦××。

</td></tr>
</table>

【票种选择】本次作业为带电作业，使用电力线路带电作业工作票。

单位栏应填写工作负责人所在的单位名称；系统开票编号栏由系统自动生成；系统故障时，手工填写时应遵循：单位简称+××××（年份）××（月份）+×××。

1.【工作负责人】带电作业的工作负责人应由具有带电作业资质、带电作业实践经验的人员担任。

【班组】对于两个及以上班组共同进行的工作，填写"综合班组"。

2.【工作班人员】人员应取得准入资质，安排的人员应进行承载力分析，确保人数适当、充足；参加带电作业的人员，应经专门培训，并经考试合格取得资格、单位批准后，方能参加相应的作业。不同单位需分行填写。

【共×人】不包括工作负责人。

共 _5_ 人

3. 工作任务

3.【工作任务】不同地点的工作应分行填写；工作地点与工作内容一一对应。

线路或设备名称	工作地点、范围	工作内容
500kV 伊上 5251 线	120 号	带电更换 120 号塔 B 相小号侧耐张单片绝缘子

4. 计划工作时间

自 _2024_ 年 _05_ 月 _22_ 日 _08_ 时 _00_ 分至 _2024_ 年 _05_ 月 _22_ 日 _14_ 时 _00_ 分。

4.【计划工作时间】填写已批准的检修期限，工作时间应在调度批复的停电时间内。

5. 停用重合闸线路（应写线路双重名称）

停用 500kV 伊上 5251 线重合闸。

5.【停用重合闸线路】需要停用重合闸或直流线路再启动功能的作业写明线路双重名称；不停用线路重合闸也应写明，不可空白。

6. 工作条件（等电位、中间电位或地电位作业，或邻近带电设备名称）

中间电位作业。

6.【工作条件】填写所选择的带电作业方式；工作地点若存在邻近的带电设备名称则一并填写。

7. 注意事项（安全措施）

（1）作业人员登塔前仔细核对线路的识别标记和线路名称、杆号无误后方可攀登。

（2）作业前作业人员应认真检查安全工器具良好，工作中应正确使用。高处作业、上下杆塔或转移作业位置时不得失去安全保护。

（3）工作地点下方按照高空坠落半径装设围栏（网），入口处悬挂"从此进出""在此工作"标示牌。作业时封闭入口，并向外悬挂"止步，高压危险"标示牌。

（4）高处作业应一律使用工具袋，较大的工具应使用绳子拴在牢固构件上。

（5）上下传递物品应使用绝缘无极绳索，不得上下抛掷。

（6）用绝缘绳索传递大件金属物品（包括工具、材料等）时，杆塔或地面上作业人员应将金属物品接地后再接触，以防电击。绝缘绳索的有效绝缘长度不小于（500kV）3.7m。

（7）塔上作业人员必须穿合格的全套屏蔽服，且各部分应连接良好，屏蔽服任意两点之间电阻值均不得大于20Ω。

（8）使用2500V及以上的绝缘检测仪对绝缘工具进行分段绝缘检测，阻值不应低于700MΩ，操作绝缘工具时应戴清洁、干燥的手套。

（9）检测绝缘子时人身与带电体间的安全距离不小于（500kV）3.4m，使用绝缘操作杆的有效绝缘长度不小于（500kV）4m。

（10）沿绝缘子串进入电场之前应先对绝缘子进行检测，扣除人体短接和零值绝缘子的片数后，良好绝缘子片数不小于23片。

（11）安装、拆除闭式卡具时，保证短接绝缘子片数不得超过3片。人体短接的绝缘子串位置、片数与闭式卡具短接的位置、片数应相同。

（12）沿绝缘子进入电场时，人身与接地体和带电体两部分间隙组成的组合间隙不小于（500kV）3.9m。

（13）带电作业应在良好天气下进行。如遇雷电（听见雷声、看见闪电）、雪雹、雨雾时不得进行带电作业。风力大于5级、相对空气湿度大于80%时，不宜进行带电作业。

（14）严格按照已批准的作业方案执行。

工作票签发人签名：耿××　　　**签发时间：**2024年05月21日16时10分

8. 确认本工作票1～7项

工作负责人签名：项××

9. 工作许可

调控许可人（联系人）：王××

许可时间：2024年05月22日09时45分

工作负责人签名：项××　　2024年05月22日09时50分

10. 指定　徐××　**为专责监护人。**　　**专责监护人签名：**徐××

11. 补充安全措施（工作负责人填写）

无。

7.【工作票签发人签名】确认工作票1～7项无误后，工作票签发人进行签名并填入时间。带电作业的工作票签发人应由具有带电作业资质、带电作业实践经验的人员担任。

8.【确认签名】确认工作票1～7项无误后，工作票负责人进行签名。

9.【工作许可】调控人员直接许可开工时，填写该调控员姓名，并填写许可开工时间。由设备运维管理单位联系人许可开工时，填写该联系人姓名，并填写许可开工时间。许可时间不应早于计划工作开始时间。接到许可后，工作负责人手工签名并填写签名时间，注意签名时间不应早于许可时间。

10.【专责监护人】带电作业的专责监护人应由具有带电作业资质、带电作业实践经验的人员担任。专责监护人手工签名。

11.【补充安全措施】由工作负责人根据现场具体情况进行补充，没有则填"无"。

12. 现场交底，工作班成员确认工作负责人布置的工作任务、人员分工、安全措施和注意事项并签名：

　　徐××、李×、张××、高×、秦××

13. 工作终结汇报调控许可人（联系人）王××。

工作负责人签名：项××　　2024 年 05 月 22 日 13 时 10 分

14. 备注

　　指定专责监护人徐××负责监护张××在 500kV 伊上 5251 线 120 号塔进行 B 相小号侧耐张绝缘子带电测零；指定专责监护人徐××监护高×在 500kV 伊上 5251 线 120 号塔沿绝缘子进出电场和带电更换 B 相小号侧耐张单片绝缘子。

12.【现场交底签名】 每个工作班成员履行签名手续，不得漏签、代签。

13.【工作终结】 工作终结后，工作负责人应及时汇报许可人并办理工作终结手续。工作负责人手工签名并填写终结时间，注意终结时间不应晚于计划结束时间。工作一旦终结，任何工作人员不得进入工作现场。

14.【备注】

（1）此处应注明被监护的人员、地点及具体工作内容。根据现场实际指定专责监护人并在备注栏填写。

（2）专职监护人不得参加工作，如此监护人需监护其他作业，必须写明之前的监护工作已经结束，同时再次明确新的监护工作、地点和被监护人。

（3）涉及多小组工作，应在此处填写说明。如：本工作涉及×个工作小组，有×份小组任务单。工作过程中如任务单数量发生变化应及时变更。如 20××年××月××日，小组任务单数量变更为×份。

（4）其他需要交代或需要记录的事项，若无其他需要交代或记录的事项，应填写"无"。

（5）对于工作开始前，票中预安排的工作班成员，如未能在开工时参与现场安全交底的，整体作业开工时，需在备注栏对相关情况说明，如"工作班成员×××作业开工时，未到场参与工作。"无需在工作票"工作人员变动情况"栏进行人员变动。相关预安排人员实际参与现场作业时，应在备注栏对相关情况说明，如"××××年××月××日××时××分，××、××已接受安全交底并签字，可参与现场工作"。

4.3　220kV 输电线路绝缘子带电（地电位）测零

一、作业场景情况

（一）工作场景

本次工作为 220kV 艾黄 2E65 线 033 号塔 C 相绝缘子带电测零。

工作线路：220kV 艾黄 2E65 线。

周边环境：工作地段位于农田内，无跨越铁路、公路、河流等影响施工的其他环境因素。

（二）工作任务

带电测零： 033 号塔 C 相绝缘子带电测零。

（三）停电范围

无。

保留带电部位：① 220kV 艾黄 2E65 线（左线，紫色）带电运行。② 220kV 艾黄 2E65 线（左线，紫色）033 号同塔架设的 220kV 艾黄 2E66 线（右线，黄色）033 号带电运行。

（四）票种选择建议

电力线路带电作业工作票。

（五）人员分工及安排

本次工作作业点（033 号塔），参与本次工作的共 5 人（含工作负责人），具体分工为：

项××（工作负责人）：依据《安规》履行工作负责人安全职责。

徐××（专责监护人）：负责对高×塔上作业进行监护。

张××（工作班成员）：操作检测工具进行 C 相绝缘子带电测零。

高×、秦××（工作班成员）：检查工器具合格完备，做好地面辅助工作。

（六）场景接线图

220kV 输电线路绝缘子带电（地电位）测零场景接线图见图 4-3。

220kV艾黄2E65线
（左线，紫色）

220kV艾黄2E66线
（右线，黄色）

003号

图例：▭ 作业区域； ◆ 铁塔（耐张塔）； —— 架空线（带电）

图 4-3　220kV 输电线路绝缘子带电（地电位）测零场景接线图

二、工作票样例

电力线路带电作业工作票

单　位：输电运检中心　　　编　号：D202410001

1. 工作负责人（监护人）：项××　　班　组：带电作业班

2. 工作班人员（不包括工作负责人）

带电作业班：徐××、张××、高×、秦××。

共 4 人

3. 工作任务

线路或设备名称	工作地点、范围	工作内容
220kV 艾黄 2E65 线	033 号	033 号塔 C 相绝缘子带电测零

4. 计划工作时间

自 2024 年 10 月 15 日 09 时 00 分至 2024 年 10 月 15 日 18 时 00 分。

【票种选择】本次作业为带电作业，使用电力线路带电作业工作票。

单位栏应填写工作负责人所在的单位名称；系统开票编号栏由系统自动生成；系统故障时，手工填写时应遵循：单位简称+××××（年份）××（月份）+×××。

1.【工作负责人】带电作业的工作负责人应由具有带电作业资质、带电作业实践经验的人员担任。

【班组】对于两个及以上班组共同进行的工作，填写"综合班组"。

2.【工作班人员】人员应取得准入资质，安排的人员应进行承载力分析，确保人数适当、充足；参加带电作业的人员，应经专门培训，并经考试合格取得资格、单位批准后，方能参加相应的作业。不同单位需分行填写。

【共×人】不包括工作负责人。

3.【工作任务】不同地点的工作应分行填写；工作地点与工作内容一一对应。

4.【计划工作时间】填写已批准的检修期限，工作时间应在调度批复的停电时间内。

5. 停用重合闸线路（应写线路双重名称）

停用 220kV 艾黄 2E65 线重合闸。

6. 工作条件（等电位、中间电位或地电位作业，或邻近带电设备名称）

地电位作业。

220kV 艾黄 2E65 线（左线，紫色）033 号同塔架设的 220kV 艾黄 2E66 线（右线，黄色）033 号带电运行。

7. 注意事项（安全措施）

（1）作业人员登塔前仔细核对线路的识别标记和线路名称、杆号无误后方可攀登。登杆塔至横担处时，应再次核对线路的识别标记与双重称号，确实无误后方可进入检修侧横担。

（2）作业前作业人员应认真检查安全工器具良好，工作中应正确使用。高处作业、上下杆塔或转移作业位置时不得失去安全保护。

（3）工作地点下方按照高空坠落半径装设围栏（网），入口处悬挂"从此进出""在此工作"标示牌。作业时封闭入口，并向外悬挂"止步，高压危险"标示牌。

（4）高处作业应一律使用工具袋，较大的工具应使用绳子拴在牢固构件上。

（5）上下传递物品应使用绝缘无极绳索，不得上下抛掷。

（6）杆塔上作业人员必须穿合格的全套屏蔽服，且各部分应连接良好，屏蔽服任意两点之间电阻值均不得大于 20Ω。

（7）绝缘绳索的有效绝缘长度不小于（220kV）1.8m。

（8）使用 2500V 及以上的绝缘检测仪对绝缘工具进行分段绝缘检测，阻值不应低于 700MΩ，操作绝缘工具时应戴清洁、干燥的手套。

（9）检测绝缘子时人身与带电体间的安全距离不小于（220kV）1.8m，使用绝缘操作杆的有效绝缘长度不小于（220kV）2.1m。

（10）带电作业应在良好天气下进行。如遇雷电（听见雷声、看见闪电）、雪雹、雨雾时不得进行带电作业。风力大于 5 级、相对空气湿度大于 80% 时，不宜进行带电作业。

（11）严格按照已批准的作业方案执行。

工作票签发人签名：耿××　　　签发时间：2024 年 10 月 14 日 16 时 20 分

8. 确认本工作票 1～7 项

工作负责人签名：项××

9. 工作许可

调控许可人（联系人）：王××

许可时间：2024 年 10 月 15 日 09 时 40 分

工作负责人签名：项××　　　2024 年 10 月 15 日 09 时 44 分

10. 指定：　徐××　为专责监护人。　　专责监护人签名：徐××

11. 补充安全措施（工作负责人填写）

　无。

12. 现场交底，工作班成员确认工作负责人布置的工作任务、人员分工、安全措施和注意事项并签名：

　徐××、张××、高×、秦××

13. 工作终结汇报调控许可人（联系人）王××。

工作负责人签名：项××　　　2024 年 10 月 15 日 17 时 10 分

14. 备注

　指定专责监护人徐××负责监护张××在 220kV 艾黄 2E65 线 033 号塔进行 C 相绝缘子带电测零。

7.【工作票签发人签名】确认工作票 1～7 项无误后，工作票签发人进行签名并填入时间。带电作业的工作票签发人应由具有带电作业资质、带电作业实践经验的人员担任。

8.【确认签名】确认工作票 1～7 项无误后，工作票负责人进行签名。

9.【工作许可】调控人员直接许可开工时，填写该调控员姓名，并填写许可开工时间。由设备运维管理单位联系人许可开工时，填写该联系人姓名，并填写许可开工时间。许可时间不应早于计划工作开始时间。接到许可后，工作负责人手工签名并填写签名时间，注意签名时间不应早于许可时间。

10.【专责监护人】带电作业的专责监护人应由具有带电作业资质、带电作业实践经验的人员担任。专责监护人手工签名。

11.【补充安全措施】由工作负责人根据现场具体情况进行补充，没有则填"无"。

12.【现场交底签名】每个工作班成员履行签名手续，不得漏签、代签。

13.【工作终结】工作终结后，工作负责人应及时汇报许可人并办理工作终结手续。工作负责人手工签名并填写终结时间，注意终结时间不应晚于计划结束时间。工作一旦终结，任何工作人员不得进入工作现场。

14.【备注】

（1）此处应明确被监护的人员、地点及具体工作内容。根据现场实际指定专责监护人并在备注栏填写。

（2）专职监护人不得参加工作，如此监护人需监护其他作业，必须写明之前的监护工作已经结束，同时再次明确新的监护工作、地点和被监护人。

（3）涉及多组工作，应在此处填写说明。如：本工作涉及×个工作小组，有×份小组任务单。工作过程中如任务单数量发生变化应及时变更。如 20××年××月××日，小组任务单数量变更为×份。

（4）其他需要交代或需要记录的事项，若无其他需要交代或记录的事项，应填写"无"。

（5）对于工作开始前，票中预安排的工作班成员，如未能在开工时参与现场安全交底的，整体作业开工时，需在备注栏对相关情况说明，如"工作班成员×××作业开工时，未到场参与工作。"无需在工作票"工作人员变动情况"栏进行人员变动。相关预安排人员实际参与现场作业时，应在备注栏对相关情况说明，如"××××年××月××日××时××分，××、××已接受安全交底并签字，可参与现场工作"。

4.4　500kV 输电线路带电（等电位）更换合成绝缘子

一、作业场景情况

（一）工作场景

本次工作为 500kV 双上 5235 线带电更换 135 号塔 B 相合成绝缘子。

工作线路：500kV 双上 5235 线。

周边环境：工作地段位于农田内，无跨越铁路、公路、河流等影响施工的其他环境因素。

（二）工作任务

更换防振锤：带电更换 135 号塔 B 相合成绝缘子。

（三）停电范围

无。

保留带电部位：① 500kV 双上 5235 线（左线，绿色）带电运行。② 500kV 双上 5235 线（左线，绿色）135 号同塔架设的 500kV 泗上 5236 线（右线，黄色）135 号带电运行。

（四）票种选择建议

电力线路带电作业工作票。

（五）人员分工及安排

本次工作作业点（135 号塔），参与本次工作的共 7 人（含工作负责人），具体分工为：

项××（工作负责人）：依据《安规》履行工作负责人安全职责。

徐××（专责监护人）：负责对张××、高×塔上工作进行监护。

张××、秦××（工作班成员）：地电位人员配合等电位人员更换合成绝缘子。

高×（工作班成员）：等电位人员进出电场，更换合成绝缘子。

吴××、李×（工作班成员）：检查工器具合格完备，做好地面辅助工作。

（六）场景接线图

500kV 输电线路（等电位）更换合成绝缘子场景接线图见图 4-4。

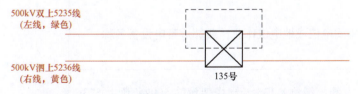

图 4-4　500kV 输电线路（等电位）更换合成绝缘子场景接线图

二、工作票样例

电力线路带电作业工作票

单　位：输电运检中心　　编　号：D202409001

1. 工作负责人（监护人）： 项×× 　　**班　组：** 带电作业班

2. 工作班人员（不包括工作负责人）

带电作业班：徐××、李×、张××、高×、秦××、吴××。

共 _6_ 人

3. 工作任务

线路或设备名称	工作地点、范围	工作内容
500kV 双上 5235 线	135 号	带电更换 135 号塔 B 相合成绝缘子

4. 计划工作时间

自 _2024_ 年 _09_ 月 _18_ 日 _08_ 时 _00_ 分至 _2024_ 年 _09_ 月 _18_ 日 _17_ 时 _00_ 分。

5. 停用重合闸线路（应写线路双重名称）

停用 500kV 双上 5235 线重合闸。

6. 工作条件（等电位、中间电位或地电位作业，或邻近带电设备名称）

等电位作业。

500kV 双上 5235 线（左线，绿色）135 号同塔架设的 500kV 泗上 5236 线（右线，黄色）135 号带电运行。

7. 注意事项（安全措施）

（1）作业人员登塔前仔细核对线路的识别标记和线路名称、杆号无误后

【票种选择】本次作业为带电作业，使用电力线路带电作业工作票。
单位栏应填写工作负责人所在的单位名称；系统开票编号栏由系统自动生成；系统故障时，手工填写时应遵循：单位简称+××××（年份）××（月份）+×××。

1.【工作负责人】带电作业的工作负责人应由具有带电作业资质、带电作业实践经验的人员担任。
【班组】对于两个及以上班组共同进行的工作，填写"综合班组"。
2.【工作班人员】人员应取得准入资质，安排的人员应进行承载力分析，确保人数适当、充足；参加带电作业的人员，应经专门培训，并经考试合格取得资格、单位批准后，方能参加相应的作业。不同单位需分行填写。
【共×人】不包括工作负责人。

3.【工作任务】不同地点的工作应分行填写；工作地点与工作内容一一对应。

4.【计划工作时间】填写已批准的检修期限，工作时间应在调度批复的停电时间内。

5.【停用重合闸线路】需要停用重合闸或直流线路再启动功能的作业写明线路双重名称；不停用线路重合闸也应写明，不可空白。

6.【工作条件】填写所选择的带电作业方式；工作地点若存在邻近的带电设备名称则一并填写。

方可攀登。登杆塔至横担处时，应再次核对线路的识别标记与双重称号，确实无误后方可进入检修侧横担。

（2）作业前作业人员应认真检查安全工器具良好，工作中应正确使用。高处作业、攀登转移作业位置时不得失去安全保护。

（3）工作地点下方按照高空坠落半径装设围栏（网），入口处悬挂"从此进出""在此工作"标示牌。作业时封闭入口，并向外悬挂"止步，高压危险"标示牌。

（4）高处作业应一律使用工具袋，较大的工具应使用绳子拴在牢固构件上。

（5）上下传递物品应使用绝缘无极绳索，不得上下抛掷。

（6）用绝缘绳索传递大件金属物品（包括工具、材料等）时，杆塔或地面上作业人员应将金属物品接地后再接触，以防电击。绝缘绳索的有效绝缘长度不小于（500kV）3.7m。

（7）杆塔上作业人员必须穿合格的全套屏蔽服，且各部分应连接良好，屏蔽服任意两点之间电阻值均不得大于 20Ω。

（8）绝缘工具使用前应用 2500V 及以上的绝缘检测仪进行分段绝缘检测，阻值不应低于 700MΩ，操作绝缘工具时应戴清洁、干燥的手套。

（9）地电位作业人员与带电体间的安全距离不小于（500kV）3.4m，绝缘承力工具的有效绝缘长度不小于（500kV）3.7m。

（10）等电位作业人员与接地体的距离不小于（500kV）3.4m，与邻相导线的距离不小于（500kV）5m。等电位作业人员在进入强电场时，与接地体和带电体两部分间隙组成的组合间隙不小于（500kV）3.9m。等电位作业人员转移电位前应得到工作负责人的许可，转移电位时人体裸露部分与带电体的距离不小于（500kV）0.4m。

（11）等电位作业人员与地电位作业人员传递工具和材料时，应使用绝缘工具或绝缘绳索进行，其有效长度不应小于（500kV）3.7m。

（12）带电作业应在良好天气下进行。如遇雷电（听见雷声、看见闪电）、雪雹、雨雾时不得进行带电作业。风力大于 5 级、相对空气湿度大于 80% 时，不宜进行带电作业。

（13）严格按照已批准的作业方案执行。

工作票签发人签名： 耿×× 　　**签发时间：** 2024 年 09 月 17 日 16 时 30 分

7.【工作票签发人签章】确认工作票 1～7 项无误后，工作票签发人进行签名并填入时间。带电作业的工作票签发人应由具有带电作业资质、带电作业实践经验的人员担任。

8. 确认本工作票 1～7 项

工作负责人签名：项××

9. 工作许可

调控许可人（联系人）：王××

许可时间：2024 年 09 月 18 日 09 时 50 分

工作负责人签名：项××　　2024 年 09 月 18 日 09 时 55 分

10. 指定　徐××　为专责监护人。　　专责监护人签名：徐××

11. 补充安全措施（工作负责人填写）

　　无。

_____

12. 现场交底，工作班成员确认工作负责人布置的工作任务、人员分工、安全措施和注意事项并签名：

徐××、李×、张××、高×、秦××、吴××

_____

13. 工作终结汇报调控许可人（联系人）王××。

工作负责人签名：项××　　2024 年 09 月 18 日 15 时 45 分

14. 备注

　　指定专责监护人徐××监护张××、秦××、高×在 500kV 双上 5235 线 135 号塔进出电场和带电更换 B 相合成绝缘子。

8.【确认签名】确认工作票 1～7 项无误后，工作票负责人进行签名。

9.【工作许可】调控人员直接许可开工时，填写该调控员姓名，并填写许可开工时间。由设备运维管理单位联系人许可开工时，填写该联系人姓名，并填写许可开工时间。许可时间不应早于计划工作开始时间。接到许可后，工作负责人手工签名并填写签名时间，注意签名时间不应早于许可时间。

10.【专责监护人】带电作业的专责监护人应由具有带电作业资质、带电作业实践经验的人员担任。专责监护人手工签名。

11.【补充安全措施】由工作负责人根据现场具体情况进行补充，没有则填"无"。

12.【现场交底签名】每个工作班成员履行签名手续，不得漏签、代签。

13.【工作终结】工作终结后，工作负责人应及时汇报许可人并办理工作终结手续。工作负责人手工签名并填写终结时间，注意终结时间不应晚于计划结束时间。工作一旦终结，任何工作人员不得进入工作现场。

14.【备注】
（1）此处应写明被监护的人员、地点及具体工作内容。根据现场实际指定专责监护人并在备注栏填写。
（2）专职监护人不得参加工作，如此监护人需监护其他作业，必须写明之前的监护工作已经结束，同时再次写明新的监护工作、地点和被监护人。
（3）涉及多小组工作，应在此处填写说明。如：本工作涉及×个工作小组，有×份小组任务单。工作过程中如任务单数量发生变化应及时变更。如 20××年××月××日，小组任务单数量变更为×份。
（4）其他需要交代或需要记录的事项，若无其他需要交代或记录的事项，应填写"无"。
（5）对于工作开始前，票中预安排的工作班成员，如未能在开工时参与现场安全交底的，整体作业开工时，需在备注栏对相关情况说明，如"工作班成员×××作业开工时，未到场参与工作。"无需在工作票"工作人员变动情况"栏进行人员变动。相关预安排人员实际参与现场作业时，应在备注栏对相关情况说明，如"××××年××月××日××时××分，××、××已接受安全交底并签字，可参与现场工作"。